校企(行业)合作
系列教材

面向对象程序设计与MFC编程实验指导

李少芳 ◎ 主编

厦门大学出版社
XIAMEN UNIVERSITY PRESS
国家一级出版社
全国百佳图书出版单位

图书在版编目(CIP)数据

面向对象程序设计与 MFC 编程实验指导/李少芳主编. —厦门:厦门大学出版社,
2018.5
ISBN 978-7-5615-6897-2

Ⅰ.①面⋯　Ⅱ.①李⋯　Ⅲ.①C 语言-程序设计-教学参考资料　Ⅳ.①TP312.8

中国版本图书馆 CIP 数据核字(2018)第 060167 号

出 版 人	郑文礼
策划编辑	张佐群
责任编辑	郑　丹
封面设计	蒋卓群
技术编辑	许克华

出版发行 厦门大学出版社

社　　址	厦门市软件园二期望海路 39 号
邮政编码	361008
总 编 办	0592-2182177　0592-2181406(传真)
营销中心	0592-2184458　0592-2181365
网　　址	http://www.xmupress.com
邮　　箱	xmupress@126.com
印　　刷	厦门市金凯龙印刷有限公司

开本	787 mm×1092 mm　1/16
印张	11.5
插页	1
字数	264 千字
版次	2018 年 5 月第 1 版
印次	2018 年 5 月第 1 次印刷
定价	32.00 元

本书如有印装质量问题请直接寄承印厂调换

厦门大学出版社
微信二维码

厦门大学出版社
微博二维码

前　言

　　本书是 Visual C++ MFC 编程的实验指导书,既可以与《面向对象程序设计与 MFC 编程案例教程》配套使用,也可以作为 Visual C++学习者的参考书单独使用。全书共分为五个部分,共设计了 17 个实验,提供详细的操作步骤,便于学生自学使用。

　　第一部分是面向对象程序设计实验指导,共设计有 6 个实验,分别是 C++程序运行环境、类和对象、类的数据共享、继承与派生、构造函数和析构函数、多态性与虚函数。

　　第二部分主要是 MFC 编程实验指导,共设计有 12 个实验,分别是创建 Win32 API 应用程序、为单文档输出文本信息、窗口绘图(一、二)、常用控件的应用、列表框的应用、商品价格竞猜游戏、菜单类的应用、工具栏的应用、状态栏的应用、图像处理、游戏角色动画实现。

　　第三、四部分给出了部分实验和《面向对象程序设计与 MFC 编程案例教程》一书部分习题的参考答案。

　　第五部分提供了类与对象、静态成员与友元、运算符重载、构造函数、继承与派生共 5 份专题自测卷及 1 份综合自测卷,并提供了参考答案。

　　本书是校企合作的一个重要成果,它的成功出版离不开莆田学院、中软国际(厦门)公司和厦门大学出版社的大力支持和鼓励,感谢校企合作平台提供的机会。本书编写和统稿过程中,在案例选择以及实验的设计与验证上得到了莆田学院信息工程学院多位同事的鼎力帮助,在此一并表示深深的谢意。由于编写时间仓促,书中若有错漏不足之处,希望读者能够不吝指教。

作者

2018 年 1 月于莆田学院

面向对象程序设计实验指导

实验1 C++程序运行环境

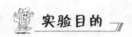

实验目的

（1）了解 C++集成开发环境下编辑、编译和运行 C++程序的基本操作方法。

（2）通过运行简单的 C++程序，初步了解 C++程序的基本结构和特点。

（3）掌握数据的输入输出（cin，cout）方法，能正确使用各种格式控制符输出数据。

（4）了解程序调试的思想，能找出并改正 C++程序中的语法错误。

实验内容

任务 1 在 Visual C 6.0 平台下编辑、编译、连接和运行一个简单的 C++程序。

（1）新建 C++源程序 Hello.cpp。

在 Visual C++主窗口的主菜单栏中选择 File（文件）命令，然后选择 New（新建）命令，如图 1-1 所示。

单击 New 对话框的 Files（文件）属性页，在列表中选择"C++ Source File"项，然后在 Location（目录）文本框中输入源程序文件的存储路径，假设为"D：\学号－姓名\实验 1"。在 File 文本框中输入源程序文件名（假设输入 Hello.cpp），文件扩展名.cpp 也可不输入，系统会自动添加，cpp 是 C Plus Plus 的缩写。单击 OK 按钮回到 Visual C++主窗口，窗口的标题栏中显示出 Hello.cpp，可以看到光标在程序编辑窗口闪烁，此时可以输

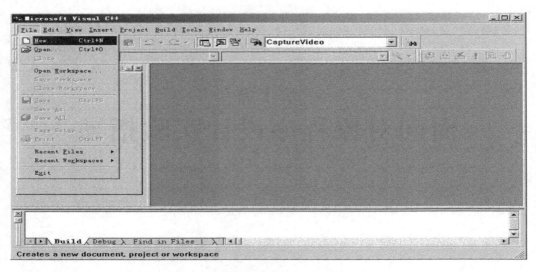

图 1-1 选择 File 菜单中的 New 操作

入和编辑源程序了。

```
#include <stdio.h>            //Hello.cpp
int main()
{
    printf("Hello World! \n");//在屏幕上输出文本"Hello World!"
    return 0;
}
```

输入以上程序,检查无误后,选择主菜单栏 File→Save,也可以用快捷键 Ctrl+S 或工具栏上的保存按钮来保存文件。

(2)编译源程序,得到目标程序 Hello.obj。

单击主菜单栏中的 Build(组建)命令,在选择"编译[Hello.cpp]"命令后,屏幕上出现一个对话框,内容如图 1-2 所示。此编译命令要求一个有效的项目工作区。你是否同意建立一个默认的项目工作区?单击"是(Y)"按钮,表示同意由系统建立默认的项目工作区,然后开始编译,也可以用 Ctrl+F7 或工具栏上的编译小图标来完成编译。

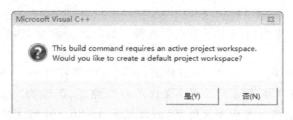

图 1-2 建立默认工作区提示

在进行编译时,编译系统检查源程序中有无语法错误,然后在主窗口下部的调试信息窗口输出编译的信息,如果有错,就会指出错误的位置和性质。

(3)连接目标程序,生成可执行程序 Hello. exe。

在得到目标程序后,选择 Build→Build Hello. exe 命令,在执行连接后,在调试输出窗口显示连接时的信息,说明没有发现错误,生成了一个可执行程序 Hello. exe。

注:以上是分步完成,在理解程序的编译与连接过程后,也可以按 F7 键一次完成编译与连接。

(4)程序的执行。

选择 Build→!Execute Hello. exe 命令,也可以不通过选择菜单命令,而是直接按 Ctrl＋F5 来实现程序的执行。程序执行后,屏幕切换到输出结果的窗口,显示出运行结果。

"Press any key to continue"并非程序所指定的输出,而是 Visual C＋＋在输出完运行结果后由 Visual C＋＋6.0 系统自动加上的一行信息,通知用户"按任何一键以便继续"。当你按下任何一键后,输出窗口消失,回到 Visual C＋＋的主窗口。

(5)关闭工作空间。

如果已完成对一个程序的操作,不再对它进行其他处理,应选择 File(文件)→Close→Workspace 命令,结束对该程序的操作。

任务 2 认识 C＋＋数据类型的大小,写出下列程序的运行结果。

```
♯include <iostream>
using namespace std;
int main()
{
    cout<<"bool："<<sizeof(bool)<<endl;
    cout<<"char："<<sizeof(char)<<endl;
    cout<<"unsigned char："<<sizeof(unsigned char )<<endl;
    cout<<"short："<<sizeof(short)<<endl;
    cout<<"int："<<sizeof(int)<<endl;
    cout<<"unsigned int："<<sizeof(unsigned int)<<endl;
    cout<<"long int："<<sizeof(long int)<<endl;
    cout<<"unsigned long："<<sizeof(unsigned long)<<endl;
    cout<<"float："<<sizeof(float)<<endl;
    cout<<"double："<<sizeof(double)<<endl;
    cout<<"long double："<<sizeof(long double)<<endl;
    return 0;
}
```

运行结果:_____。

任务 3 写出下列程序的运行结果。

(1)用控制符来控制输出格式。

```
#include<iostream>
#include<iomanip>
using namespace std;
int main()
{
    float x=26.1234567;
    cout<<setprecision(3)<<x<<endl;
    cout<<setprecision(5)<<x<<endl;
    int i=25;
    cout<<"hex:"<<hex<<i<<endl;
    cout<<setw(6)<<setfill('+')<<i<<endl;
    return 0;
}
```

运行结果：_____。

（2）用流对象的成员函数来控制输出格式。

```
#include<iostream>
using namespace std;
int main()
{
    float x=26.1234567;
    cout.setf(ios::fixed);
    cout.setf(ios::showpoint);
    cout.precision(3);
    cout<<x<<endl;
    cout.precision(5);
    cout<<x<<endl;
    return 0;
}
```

运行结果：_____。

任务 4 编程实现：输入圆的半径，计算圆面积。

任务 5 编程实现：输入三个整数，求最大数。

（编程要求：提交 C++源代码，并写出测试数据和运行结果。）

实验 2　类和对象

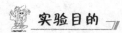 **实验目的**

（1）掌握类、类的数据成员、类的成员函数的定义方法，类与结构的关系，类的成员属性和类的封装性。

（2）掌握定义对象和操作对象的方法。

（3）理解类成员的访问控制方式，公有、私有和保护成员的区别。

（4）初步掌握用类和对象编制基于对象的程序。

实验内容

任务 1　有以下程序：

```cpp
#include <iostream>
using namespace std;
class Time              //定义 Time 类
{
  public：              //数据成员为公用的
    inthour;
    intminute;
    intsec;
};
int main()
{
  Time t1;                    //定义 Time 类对象 t1
  cin>>t1. hour;              //输入时间
  cin>> t1. minute;
  cin>> t1. sec;
  cout<<t1. hour<<":"<<t1. minute<<":"<<t1. sec<<endl;  //输出时间
  return 0;
}
```

改写程序，要求：

（1）将数据成员改为私有的。

(2)将输入和输出的功能改为由成员函数 set()和 show()实现。

(3)在类体内定义成员函数。

任务 2 有以下程序：

```cpp
#include<iostream>
using namespace std;
class Date
{
    public:
        int year;
        int month;
        int day;
    void print()
    {
        cout<<year<<"/" <<month<<"/" <<day<<endl;
    }
};
int main()
{
    Date t;     //创建 Date 类的对象 t
    cin>>t.year
    cin>>t.month
    cin>>t.day
    t.print();
    return 0;
}
```

改写程序，要求：

(1)将数据成员改为私有的。

(2)在类体外定义成员函数 set 和 print，set 用于输入日期，print 用于输出日期，输出格式显示为 xxxx-xx-xx，且将月、日前的空格用 0 填充。

(3)输出类的大小占多少字节。

任务 3 分别给出如下 3 个文件：student.h，student.cpp，main.cpp，请完善程序，在类中增加一个对数据成员赋初值的成员函数 set_value，上机调试并运行。

(1)student.h。

```cpp
class Student
{
    public:
        void display();
```

```
private：
    int num；
    char name[20]；
    char sex；
};
```

（2）student. cpp。

```
#include "student. h"
void Student：：display()
{
    cout <<"num："<< num << endl；
    cout <<"name："<< name << endl；
    cout <<"sex："<< sex << endl；
}
```

（3）main. cpp。

```
#include <iostream>
using namespace std；
#include "student. cpp"
int main()
{
    Student stud；
    stud. display()；
    return0；
}
```

任务 4　定义一个正方形类 Square 和一个圆类 Circle，并分别求边长 15 的正方形的面积和直径为 10 的圆的面积。

任务 5　定义长方体类 rectangle，并实现长、宽、高初始化和返回体积的功能。

实验 3 类的数据共享

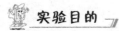 **实验目的**

(1)了解重载的概念和作用原理,熟悉操作符重载的实现方法。

(2)理解友元和静态成员在实现类的数据共享中的作用。

实验内容

任务 1 设计两个重载函数,分别求两个整数相除的余数和两个实数相除的余数。两个实数求余定义为实数四舍五入取整后相除的余数。

任务 2 用成员函数实现操作符重载进行矢量类加法。请在横线上填空调试补充下列程序,使之正确运行。

```
# include <iostream>
using namespace std;
class Point
{
  private：
    int x，y；
  public：
    void set (int a,int b)
    {
      x＝a；
      y＝b；
    }
  void print() const
  {
    cout<< "("<<x<<","<< y<<")" <<endl；
  }
  _____(1)_____  //二元运算符＋重载为类的成员函数
};
  _____(2)_____
{
```

```
        Point s；
        s. x＝a. x＋b. x；
        s. y＝a. y＋b. y；
        return s；
    }
    int main()
    {
        Point a,b,c；
        a. set (3,2)；
        b. set (1,5)；
        c＝a＋b；
        c. print()；
        return 0；
    }
```

任务 3　声明一个复数类 Complex，编程用友元函数实现运算符重载进行两复数（3＋4i 和 5－10i）相加。实部用 real 表示，虚部用 imag 表示。

任务 4　定义一个圆类，计算圆的面积和周长。要求分别用成员函数和友元函数来求圆的面积和周长。

实验 4　继承与派生

实验目的

(1)理解继承性与派生类的概念。
(2)掌握单一继承与多重继承下派生类的声明方法。
(3)理解派生类的生成过程,派生类的三种继承方式及其应用方法。
(4)掌握派生类对基类成员的覆盖对其成员的引用方法。
(5)理解派生类的构造函数和析构函数的定义及执行过程。

实验内容

任务 1　分析下列程序中公有派生方式下对继承来的成员的访问情况。

```cpp
#include <iostream>
using namespace std;
class A          //基类的声明
{
  private:
    int x;         //x为基类私有成员,派生类不可访问
  protected:
    int y;         //y为基类保护成员,公有派生后仍为派生类保护成员
  public:
    int z;         //z为基类公有成员,公有派生后仍为派生类公有成员
    void setx(int i)
    {
    x=I;
    }
    int getx()
    {
    return x;
    }
};
class B:public A      //公有派生类的声明
```

```cpp
{
    private：
        int m；            //m 为派生类新增私有成员
    protected：
        int n；            //n 为派生类新增保护成员
    public：
        int p；            //p 为派生类新增公有成员
    void setvalue(int a，int b，int c，int d，int e，int f)
    {
        setx(a)；
        y＝b；
        z＝c；
        m＝d；
        n＝e；
        p＝f；
    }
    void display()
    {
        cout＜＜"x＝"＜＜getx()＜＜endl；
        //cout＜＜"x＝"＜＜x＜＜endl；//x 为基类私有成员,派生类成员函数无法访问
        cout＜＜"y＝"＜＜y＜＜endl；   //y 为基类保护成员,派生类成员函数可直接访问
        cout＜＜"m＝"＜＜m＜＜endl；
                //m 为派生类私有成员,派生类成员函数可直接访问
        cout＜＜"n＝"＜＜n＜＜endl；   //n 为派生类保护成员,派生类成员函数可直接访问
    }
};
int main()
{
    B obj；
    obj. setvalue(1,2,3,4,5,6)；
    obj. display()；
    cout＜＜"z＝"＜＜obj. z＜＜endl；
    //cout＜＜"m＝"＜＜obj. m＜＜endl；
    // m 为派生类私有成员,派生类对象无法直接访问
    //cout＜＜"n＝"＜＜obj. n＜＜endl；
    // n 为派生类保护成员,派生类对象无法直接访问
    cout＜＜"p＝"＜＜obj. p＜＜endl；
```

```
    return 0;
}
```

任务 2　分析下列程序中保护派生方式下对继承来的成员访问的情况。

```cpp
#include <iostream>
using namespace std;
class A          //基类的声明
{
    private:
      int x;          //x 为基类私有成员,派生类不可访问
    protected:
      int y;          //y 为基类保护成员,保护派生后仍为派生类保护成员
    public:
      int z;          //z 为基类公有成员,保护派生后仍为派生类保护成员
      void setx(int i)
      {
        x=I;
      }
      int getx()
      {
        return x;
      }
};
class B: protected A        //保护派生类的声明
{
    private:
      int m;                //m 为派生类新增私有成员
    protected:
      int n;                //n 为派生类新增保护成员
    public:
      int p;                //p 为派生类新增公有成员
      void setvalue(int a, int b, int c, int d, int e, int f)
      {
        setx(a);
        y=b;
        z=c;
        m=d;
        n=e;
```

```
        p=f;
    }
    void display()
    {
        cout<<"x="<<getx()<<endl;
        //cout<<"x="<<x<<endl; //x 为基类私有成员,派生类成员函数无法访问
        cout<<"y="<<y<<endl;
        //y 为派生类保护成员,派生类成员函数可直接访问
        cout<<"z="<<z<<endl;
        //z 为派生类保护成员,派生类成员函数可直接访问
        cout<<"m="<<m<<endl;
        //m 为派生类私有成员,派生类成员函数可直接访问
        cout<<"n="<<n<<endl;
        //n 为派生类保护成员,派生类成员函数可直接访问
    }
};
int main()
{
    B obj;
    obj. setvalue(1,2,3,4,5,6);
    obj. display();
    //cout<<"z="<<obj. z<<endl;
    //z 为派生类保护成员,派生类对象无法直接访问
    //cout<<"m="<<obj. m<<endl;
    //m 为派生类私有成员,派生类对象无法直接访问
    //cout<<"n="<<obj. n<<endl;
    //n 为派生类保护成员,派生类对象无法直接访问
    cout<<"p="<<obj. p<<endl;
    return 0;
}
```

任务 3　考查单一继承的构造函数:先执行基类的构造函数,后执行派生类的构造函数。写出下列程序的运行结果。

```
#include <iostream>
using namespace std;
class A
{
    public:
```

```cpp
    A()                                //基类 A 无参数的构造函数
    {
        cout<<"类 A 构造函数 1"<<endl;
    }
    A(int i)                           //基类 A 带实际参数的构造函数
    {
        x1=i;
        cout<<"类 A 构造函数 2"<<endl;
    }
    ~A()
    {
        cout<<"类 A 析构函数"<<endl;
    }
    void Printa() const
    {
        cout<<"x1="<<x1<<endl;
    }
    private:
        int x1;
};
class B:public A
{
    public:
    B()                                //派生类 B 无参数的构造函数
    {
        cout<<"类 B 构造函数 1"<<endl;
    }
    B(int i):A(i+10)                   //单一继承时的派生类 B 带实际参数的构造函数
    {
        x2=i;
        cout<<"类 B 构造函数 2"<<endl;
    }
    ~B()
    {
        cout<<"类 B 析构函数"<<endl;
    }
    void Printb() const
```

```
{
    Printa();
    cout<<"x2="<<x2<<endl;
}
private:
    int x2;
};
int main()
{
    Bb(2);
    //创建的派生类对象 b 带有实际参数 2,只执行带实际参数的构造函数
    b. Printb();
    return 0;
}
```

运行结果:_____。

任务 4　考查多重继承的构造函数:先执行基类的构造函数,后执行派生类的构造函数。写出下列程序的运行结果。

```
#include <iostream>
using namespace std;
class A
{
    private:
        int a;
    public:
        A(int i)                        //基类 A 带实际参数的构造函数
        {
            a=i;
            cout<<"类 A 构造函数" <<endl;
        }
        ~A()
        {
            cout<<"类 A 析构函数"<<endl;
        }
    void Print()
    {
        cout<<"a="<<a<<endl;
    }
}
```

```
};
class B
{
  private：
    int b;
  public：
    B(int j)                              //基类 A 带实际参数的构造函数
    {
      b=j;
      cout<<"类 B 构造函数" <<endl；
    }
    ~B()
    {
      cout<<"类 B 析构函数"<<endl；
    }
  void Print()
  {
    cout<<"b="<<b<<endl；
  }
};
class C：public B,public A
{
  int c;
  public：
    C(int k)：A(k-2),B(k+2)               //多重继承时的派生类 C 的构造函数
    {
      c=k;
      cout<<"类 C 构造函数"<<endl；
    }
    ~C()
    {
      cout<<"类 C 析构函数"<<endl；
    }
  void Print()
  {
    A：：Print();
    B：：Print();
```

```
      cout<<"c="<<c<<endl;
   }
};
int main()
{
   C obj(10);              //创建派生类对象 obj
   obj. Print();
   return 0;
}
```

运行结果：_____。

任务 5　考查虚基类。写出下列程序的运行结果。

```
#include <iostream>
using namespace std;
class A
{
   public：
     int a；
     A()                       //基类 A 无参数的构造函数
     {
        a=10；
        cout<<"类 A 构造函数"<<endl；
     }
     ～A()
     {
        cout<<"类 A 析构函数"<<endl；
     }
};
class A1：public virtual A        //设置类 A 为虚基类
{
   public：
     A1()                             //A1 的构造函数
     {
        a+=10；
        cout<<"类 A1 构造函数"<<endl；
     }
     ～A1()
     {
```

```
        cout<<"类 A1 析构函数"<<endl;
      }
};
class A2: public virtual A
{
  public:
    A2()                              //A2 的构造函数
    {
      a+=20;
      cout<<"类 A2 构造函数"<<endl;
    }
    ~A2()
    {
    cout<<"类 A2 析构函数"<<endl;
    }
};
class B:public A1, public A2
{
  public:
    B()                              //派生类 B 无参数的构造函数
    {
      cout<<"a="<<a<<endl;
      cout<<"类 B 构造函数"<<endl;
    }
    ~B()
    {
    cout<<"类 B 析构函数"<<endl;
    }
};
int main()
{
  B obj;          //创建的派生类 B 对象 obj
  return 0;
}
```

运行结果：_____。

任务 6 考查虚基类。写出下列程序的运行结果。

＃include ＜iostream＞

```cpp
using namespace std；
class A
{
  public：
    int i；
    void showa(){cout<<"i="<<i<<endl；}
};
class B：virtual public A        //虚继承
{
  public：
    int j；
};
class C：virtual public A      //虚继承
{
  public：
    int k；
};
class D：public B，public C
{
  public：
    int m；
};
int main()
{
  A a；
  B b；
  C c；
  a. i＝1；a. showa()；
  b. i＝2；b. showa()；
  c. i＝3；c. showa()；
  D d；
  d. i＝4；   //不是虚继承,则本句出错
  d. showa()；
  return 0；
}
```

实验 5　构造函数和析构函数

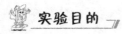 **实验目的**

(1)理解构造函数和析构函数的作用和特点。

(2)掌握构造函数和析构函数的定义与调用。

实验内容

任务 1　有两个长方柱,其长、宽、高分别为 12、25、30 和 15、30、21,使用构造函数对成员变量进行初始化,分别求它们的体积。

任务 2　重载构造函数:借助参数的不同完成不同的初始化任务。

有四个长方柱,其长、宽、高分别为 10、10、10、15、10、10、15、30、10、15、30、21;使用构造函数的默认参数,并采用参数初始化列表方式对成员变量进行初始化,分别求它们的体积。

任务 3　分析构造函数和析构函数的执行次序(后构造的先析构),写出运行结果。

```cpp
#include <iostream>
using namespace std;
class Date
{
  private：
    int year, month, day;
  public：
    Date (int y,int m,int d);      //构造函数的声明
    ～ Date ();                    //析构函数的声明
    void print();
};
Date：：Date (int y, int m, int d)
{
  year＝y;
  month＝m;
  day＝d;
  cout<<day<< "构造函数已被调用"<< endl;
```

```
}
Date：：～Date（）
{
    cout<<day<< "析构函数已被调用"<< endl；
}
void Date：：print（）
{
    cout<< year<<"－"<< month<<"－"<< day<<endl；
}
int main()
{
    Date today(2016，3，1)，tomorrow(2016，3，2)；
    cout<<"今天是："；
    today. print()；
    cout<<"明天是："；
    tomorrow. print()；
    return 0；
}
```

任务 4　分析下列程序中调用拷贝构造函数的三种情况,写出运行结果。

```
#include <iostream>
using namespace std；
class Point
{
    private：
        int x, y；
    public：
        Point (int a＝0, int b＝0)        //定义构造函数
        {
            x＝a；
            y＝b；
        }
        Point(Point &p)；                 //声明拷贝构造函数
        int getx()
        {
            return x；
        }
        int gety()
```

```
    {
        return y;
    }
};

Point ::Point(Point &p)
{
    x=p.x+10;
    y=p.y+20;
    cout<< "拷贝构造函数已被调用"<< endl;
}

void f(Point p)      //定义非成员函数
{
    cout<< p.getx()<<","<< p.gety()<<endl;
}
Point g()       //定义成员函数
{
    Point q(3,5);        //调用拷贝构造函数
    return q;
}
int main()
{
    Point p1(2,4);
    Point p2(p1);              //调用拷贝构造函数的第一种情况
    cout<< p2.getx()<<","<< p2.gety()<<"\n"<<endl;
    f(p2);                    //调用拷贝构造函数的第二种情况
    cout<< "f:"<<p2.getx()<<","<< p2.gety()<<"\n"<<endl;
    p2=g();                   //调用拷贝构造函数的第三种情况
    cout<< p2.getx()<<","<< p2.gety()<<"\n"<<endl;
    return 0;
}
```

实验 6　多态性与虚函数

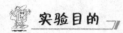 **实验目的**

（1）了解多态性的概念及其应用。
（2）理解使用虚函数和继承实现多态性的方法。
（3）了解纯虚函数和抽象类的概念和用法，掌握虚函数、抽象基类的声明方法。

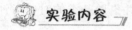 **实验内容**

任务 1　多态性通过函数名重载来实现。在程序编译阶段对同名重载函数进行静态关联调用。观察下列程序的运行结果并进行分析。

```
#include <iostream>
using namespace std;
class A          //基类的声明
{
  private:
    int x,y;
  public:
    A(int a,int b)
    {
      x=a;
      y=b;
    }
  void fun()
  {cout<<"x="<<x<<"y="<<y<< endl;}
};
class B:public A      //公有派生类的声明
{
  int m,n;
  public:
  B(int a, int b, int c, int d):A(a, b)
    {m=c;n=d;}
```

```
    void fun()
    {cout<<"m="<<m<<"n="<<n<< endl;}
};
int main()
{
    B b(1,2,3,4);
    A a(5,6);
    a.fun();
    b.fun();
    return 0;
}
```

任务 2 多态性通过函数名重载来实现。在程序执行阶段对同名重载函数进行动态关联调用实现运行时的多态性,需要通过类继承关系和虚函数,并借助基类的对象指针或对象的引用来实现。观察下列程序的运行结果,并进行分析。

```
#include <iostream>
using namespace std;
class A          //基类的声明
{
    private：
      int x,y;
    public：
      A(int a,int b)
      {x=a;y=b;}
    virtual void fun()              //虚函数,virtual 仅用于类成员函数
    {cout<<"x="<<x<<" y="<<y<< endl;}
};
class B:public A        //公有派生类的声明
{
    int m,n;
    public：
      B(int a, int b, int c, int d)：A(a, b)
      {m=c;n=d;}
    void fun()        //派生类中重新定义虚函数,不必加 virtual,仍保持虚函数的特征
    {cout<<"m="<<m<<" n="<<n<< endl;}
};
int main()          //主函数改用对象指针实现
{
```

```
    B b(1,2,3,4);
    A a(5,6);
    A *p=&a;        //定义对象指针
    p->fun();
    p=&b;
    p->fun();
    return 0;
}
```

任务 3　写一个程序,声明抽象基类 Shape,由它派生出 3 个派生类:Circle(圆形)、Rectangle(矩形)、Triangle(三角形),用一个函数 printArea()分别输出以上三者的面积。三个图形的数据在定义对象时给定。

任务 4　声明 Point(点)类,由 Point 类派生出 Circle(圆)类,再由 Circle 类派生出 Cylinder(圆柱体)类。将类的定义部分分别作为 3 个头文件,对它们的成员函数的声明部分分别作为 3 个源文件(.cpp 文件),在主函数中用"#include"命令把它们包含进来,形成一个完整的程序,并上机运行。

第 2 篇

MFC 编程实验指导

实验 7　创建 Win32 API 应用程序

实验目的

(1)熟悉并学习使用 Visual C++ 6.0 开发环境。

(2)掌握 C++程序的编辑、编译、连接和运行。

(3)main 与 WinMain 程序的运行。

(4)学习窗口创建和消息处理。

(5)认识 C++类的定义与构造函数。

实验内容

任务 1　创建 Win32 应用程序。

(1)运行 Visual C++6.0。

(2)选择"文件"→"新建"菜单命令→选择"工程"选项卡→从列表框中选中 Win32 Application(Win32 应用程序)→输入工程名 e11,保留"平台"下 Win32 复选框的默认"选中"状态,单击"确定"按钮。

(3) 选择要创建的应用程序类型"一个空工程",单击"完成"按钮。

①"一个空工程"仅创建 Win32 应用程序文件框架,不含任何代码。

②"一个简单的 Win32 程序"是在"一个空工程"基础上添加了程序框架(有入口函数、♯include 指令等)。

③"一个典型的'Hello World!'程序"在"一个简单的 Win32 程序"基础上增加了 MessageBox 函数调用,用来输出"Hello World!"。

(4)再次选择"文件"→"新建"菜单命令,自动切换到"文件"选项卡。在左侧的文件类型列表中选中 C++ Source File,在右侧输入"HelloMsg.cpp"。

(5)输入 HelloMsg.cpp 程序代码后,单击编译工具条上的"生成工具"按钮或直接按 F7 键进行编译、连接,单击编译工具条上的"运行工具"按钮或直接按 Ctrl+F5 键运行程序。

```
//HelloMsg.cpp
#include <windows.h>   //头文件
int WINAPI WinMain(HINSTANCE hInstance,HINSTANCE hPrevInstance,
PSTR szCmdLine,int nCmdShow) //程序入口函数
{
    MessageBox(NULL,TEXT("Hello,World!"),TEXT("Hello"),0);
    return 0;
}
```

任务 2　在 HelloMsg.cpp 中修改 MessageBox 的第四个参数。

```
int WINAPI WinMain(HINSTANCE hInstance,HINSTANCE hPrevInstance,
PSTR szCmdLine,int nCmdShow) //程序入口函数
{
    MessageBox(NULL,TEXT("Hello,World!"),TEXT("Hello"),
    MB_ICONQUESTION|MB_ABORTRETRYIGNORE);
    return 0;
}
```

任务 3　新建 Win32 控制台应用程序。

先创建一个 Win32 控制台应用程序 e12,默认选择"空工程",然后再创建并添加新的源文件 Win32.cpp,输入如下代码:

```
//Win32.cpp
#include <windows.h>
void main()
{
    MessageBox(NULL,TEXT("Hello,World!"),TEXT("Hello"),MB_OK|MB_
    HELP);
}
```

任务 4　修改 Win32.cpp,获取控制台窗口的标题。

```
#include <windows.h>
void main()
{
    //MessageBox(NULL,TEXT("Hello,World!"),TEXT("Hello"),MB_OK|MB
```

```
_HELP);
char szConsoleTitle[300];
DWORD nSize=300;
::GetConsoleTitle(szConsoleTitle,nSize); // 获取控制台窗口的标题
::MessageBox(NULL,szConsoleTitle,"Show Console Title",MB_OK|MB_HELP);
}
```

任务5 窗口创建和消息处理。

(1)先创建一个 Win32 应用程序 e13,默认选择"空工程",然后再创建并添加新的源文件 HelloWin. cpp ,输入如下代码:

```
#include <windows.h>
LRESULT CALLBACK WndProc(HWND, UINT, WPARAM, LPARAM);
//窗口过程
int WINAPI WinMain(HINSTANCE hInstance, HINSTANCE hPrevInstance,
LPSTR lpCmdLine, int nCmdShow)
{HWND hwnd;            //窗口句柄
  MSG msg;            //消息
  WNDCLASS wndclass;            //窗口类
  wndclass. style=CS_HREDRAW|CS_VREDRAW;
  wndclass. lpfnWndProc=WndProc;
  wndclass. cbClsExtra=0;
  wndclass. cbWndExtra=0;
  wndclass. hInstance=hInstance;
  wndclass. hIcon=LoadIcon(NULL,IDI_APPLICATION);
  wndclass. hCursor=LoadCursor(NULL,IDC_ARROW);
  wndclass. hbrBackground=(HBRUSH)(GetStockObject(WHITE_BRUSH));
  wndclass. lpszMenuName=NULL;
  wndclass. lpszClassName="HelloWin";        //窗口类名
  if (!RegisterClass(&wndclass))        //注册窗口
  {
    MessageBox (NULL,"窗口注册失败!","HelloWin",0);
    return 0;
  }
  //创建窗口
  hwnd = CreateWindow("HelloWin",        //窗口类名,要与注册时指定的相同
  "我的窗口",                //窗口标题
  WS_OVERLAPPEDWINDOW,                //窗口样式
  CW_USEDEFAULT,                //窗口最初的 x 位置
```

```
        CW_USEDEFAULT,                    //窗口最初的 y 位置
        480,                              //窗口最初的 x 大小
        320,                              //窗口最初的 y 大小
        NULL,                             //父窗口句柄
        NULL,                             //窗口菜单句柄
        hInstance,                        //应用程序实例句柄
        NULL);                            //创建窗口的参数
    ShowWindow (hwnd, nCmdShow);          //显示窗口
    UpdateWindow (hwnd);          //更新窗口,包括窗口的客户区
    //进入消息循环:当消息是 WM_QUIT 时,则退出循环
    while (GetMessage (&msg, NULL, 0, 0))
    {
        TranslateMessage (&msg);          //转换某些键盘消息
        DispatchMessage (&msg);           //将消息发送给窗口过程,这里是 WndProc
    }
    return msg. wParam;
}
LRESULT CALLBACK WndProc (HWND hwnd, UINT message, WPARAM
wParam, LPARAM lParam)
{
    HDC hdc;
    PAINTSTRUCT ps;
    RECT rc;
    switch (message)
    {
      case WM_CREATE:          //窗口创建产生的消息
        return 0;
      case WM_PAINT:
        hdc=BeginPaint( hwnd, &ps );
        GetClientRect( hwnd, &rc );       //获取窗口客户区大小
        DrawText( hdc, TEXT("Hello Windows!"), -1, &rc, DT_SINGLELINE |
DT_CENTER |DT_VCENTER );
        EndPaint( hwnd, &ps );
        return 0;
      case WM_DESTROY:          //当窗口关闭时产生的消息
        PostQuitMessage (0);
        return 0;
```

```
    }
    return DefWindowProc (hwnd, message, wParam, lParam);
                                    //执行默认的消息处理
}
```

任务6 认识构造函数。

```
//Constructor. cpp
#include <iostream. h>
#include <string>
class CPerson
{
    public:
        CPerson(char * str, float h, float w)        //构造函数 A
        {
            strcpy(name, str);
            height=h;
            weight=w;
        }
        CPerson(char * str)        //构造函数 B
        {
            strcpy(name, str);
        }
        CPerson(float h, float w = 120);        //构造函数 C 的声明
        void print()
        {
            cout<<"姓名:"<<name<<"\t 身高:"<<height<<"\t 体重:"<<
            weight<<endl;
        }
    private:
        char name[20];        //姓名
        float height;        //身高
        float weight;        //体重
};
CPerson::CPerson(float h, float w)        //构造函数 C 的实现
{
    height=h;
    weight=w;
}
```

```
int main()
{
    CPerson one("DING");          //等价于 one. CPerson("DING");
    one. print();
    CPerson two(170，130);
    two. print();
    CPerson three("DING"，170，130);
    three. print();
    return 0;
}
```

任务 7   绘制一个旋转的风车,如图 7-1 所示。风车中有三个叶片,颜色分别为红、黄和蓝,叶片外侧有个外接圆。

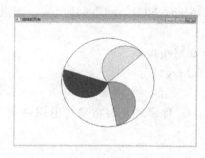

图 7-1   旋转的风车

(1)新建一个 Win32 应用程序 windmill,默认选择"空工程"。

(2)新建并添加新的源文件 w1. cpp,输入如下代码:

```
#include <windows. h>
#include <math. h>
//回调函数声明
LRESULT CALLBACK WndProc(HWND hwnd, UINT message, WPARAM
wParam, LPARAM lParam);
//初始化窗口类声明
BOOL InitWindowsClass(HINSTANCE hInstance, char * lpszClassName);
// 初始化窗口声明
BOOL InitWindows(HINSTANCE hInstance, int nCmdShow, char * lpszClass-
Name, char * lpTitle);
WNDCLASS wndclass;   //定义一个窗口类
HWND hwnd;           //定义一个窗口句柄
const double Pi=3. 1415926;
```

```
int nMaxNumber=20；    //叶片循环一周需绘图的次数
int nNum=0；   //记录当前的顺序
int WINAPI WinMain(HINSTANCE hInstance，HINSTANCE hPrevInstance，LP-
STR lpCmdLine，int nCmdShow)
{
    MSG Msg；                        // 定义消息
    char lpszClassName[] = "风车"；      //窗口的类名
    char lpTitle[] = "旋转的风车"；       //窗口标题名
    //初始化窗口类
    if（!InitWindowsClass(hInstance, lpszClassName)) return FALSE;
    //初始化窗口
    if（!InitWindows(hInstance, nCmdShow, lpszClassName, lpTitle)) return FALSE;
    while(GetMessage(&Msg，NULL，0，0))        //消息循环
    {
        TranslateMessage(&Msg)；
        DispatchMessage(&Msg)；
    }
    return Msg. wParam；// 程序终止时将信息返回系统
}
//初始化窗口类定义
BOOL InitWindowsClass(HINSTANCE hInstance，char * lpszClassName)
{
    wndclass. style=0；    //窗口类型为默认类型
    wndclass. lpfnWndProc=WndProc；        //窗口处理函数
    wndclass. cbClsExtra=0；               //窗口类无扩展
    wndclass. cbWndExtra=0；               //窗口实例无扩展
    wndclass. hInstance=hInstance；        //当前实例句柄
    wndclass. hIcon=LoadIcon(NULL, IDI_APPLICATION)；
                                        //窗口的最小化图标为默认图标
    wndclass. hCursor=LoadCursor(NULL，IDC_ARROW)；
                                        //窗口采用箭头光标
    wndclass. hbrBackground = (HBRUSH)GetStockObject(WHITE_BRUSH)；
                                        //窗口采用白色背景
    wndclass. lpszMenuName = NULL；//窗口中无菜单
    wndclass. lpszClassName = lpszClassName；//类名为lpClassName
    if（!RegisterClass(&wndclass))        //注册窗口类
    {
```

```
    // 如果注册失败则发出警告声音
    MessageBeep(0);
    return FALSE;
  }
  return TRUE;
}
// 初始化窗口声明
BOOL InitWindows(HINSTANCE hInstance, int nCmdShow, char * lpszClass-
Name, char * lpTitle)
{
  hwnd = CreateWindow(lpszClassName, lpTitle, WS_OVERLAPPEDWINDOW,
  CW_USEDEFAULT, 0, 600, 450, NULL, NULL, hInstance, NULL);
    //创建窗口
  ShowWindow(hwnd, nCmdShow); //显示窗口
  UpdateWindow(hwnd);
  return TRUE;
}
// 回调函数定义
LRESULT CALLBACK WndProc(HWND hwnd, UINT message, WPARAM
wParam, LPARAM lParam)
{
  HDC hDC;                    //定义设备环境句柄
  HPEN hPen;                  //定义画笔句柄
  HBRUSH hBrush;              //定义画刷句柄
  PAINTSTRUCT PtStr;          //定义包含绘制信息的结构体变量
  POINT pCenterPoint;         //定义一个圆心点的坐标
  int nRadious=50;            //定义圆的半径
  double fAngle;              //叶片的直边与水平轴的夹角
  switch(message)
  {
    case WM_PAINT:       //处理绘图消息
    {
      hDC = BeginPaint(hwnd, &PtStr);               //得到设备句柄
      SetMapMode(hDC, MM_ANISOTROPIC);              //设置映像模式
      SetWindowExtEx(hDC, 400, 300, NULL);   //设置窗口区域(逻辑单位)
      SetViewportExtEx(hDC, 600, 450, NULL); //设置视口区域(物理单位)
      SetViewportOrgEx(hDC, 300, 200, NULL); //设置视口原点坐标为(300,200)
```

```
hPen = (HPEN)GetStockObject(BLACK_PEN);
SelectObject(hDC, hPen);
Ellipse(hDC, -100, -100, 100, 100);  // 绘制外圆
hBrush = CreateSolidBrush(RGB(255, 0, 0)); //绘制风车的红色叶片
SelectObject(hDC, hBrush);
fAngle = 2 * Pi / nMaxNumber * nNum;
pCenterPoint.x = (int)(nRadious * cos(fAngle));
pCenterPoint.y = (int)(nRadious * sin(fAngle));
Pie(
    hDC,
    pCenterPoint.x - nRadious, pCenterPoint.y - nRadious,
    pCenterPoint.x + nRadious, pCenterPoint.y + nRadious,
    (int)(pCenterPoint.x + nRadious * cos(fAngle)),
    (int)(pCenterPoint.y + nRadious * sin(fAngle)),
    (int)(pCenterPoint.x + nRadious * cos(fAngle + Pi)),
    (int)(pCenterPoint.y + nRadious * sin(fAngle + Pi))
);
hBrush = CreateSolidBrush(RGB(255, 255, 0)); //绘制风车的黄色叶片
SelectObject(hDC, hBrush);
pCenterPoint.x = (int)(nRadious * cos(fAngle + 2 * Pi / 3));
pCenterPoint.y = (int)(nRadious * sin(fAngle + 2 * Pi / 3));
Pie(
    hDC,
    pCenterPoint.x - nRadious, pCenterPoint.y - nRadious,
    pCenterPoint.x + nRadious, pCenterPoint.y + nRadious,
    (int)(pCenterPoint.x + nRadious * cos(fAngle + 2 * Pi / 3)),
    (int)(pCenterPoint.y + nRadious * sin(fAngle + 2 * Pi / 3)),
    (int)(pCenterPoint.x + nRadious * cos(fAngle + Pi + 2 * Pi / 3)),
    (int)(pCenterPoint.y + nRadious * sin(fAngle + Pi + 2 * Pi / 3))
);
hBrush = CreateSolidBrush(RGB(0, 255, 255)); //绘制风车的蓝色叶片
SelectObject(hDC, hBrush);
pCenterPoint.x = (int)(nRadious * cos(fAngle + 4 * Pi / 3));
pCenterPoint.y = (int)(nRadious * sin(fAngle + 4 * Pi / 3));
Pie(
    hDC,
    pCenterPoint.x - nRadious, pCenterPoint.y - nRadious,
```

```
            pCenterPoint. x + nRadious, pCenterPoint. y + nRadious,
            (int)(pCenterPoint. x + nRadious * cos(fAngle + 4 * Pi / 3)),
            (int)(pCenterPoint. y + nRadious * sin(fAngle + 4 * Pi / 3)),
            (int)(pCenterPoint. x + nRadious * cos(fAngle + Pi + 4 * Pi / 3)),
            (int)(pCenterPoint. y + nRadious * sin(fAngle + Pi + 4 * Pi / 3))
        );
        nNum++;
        Sleep(100); //等待 0.1 秒
        InvalidateRect(hwnd, NULL, 1); // 重绘窗口区域
        DeleteObject(hPen);
        DeleteObject(hBrush);
        EndPaint(hwnd, &PtStr);
        break;
    }
    case WM_DESTROY:
        PostQuitMessage(0);// 调用 PostQuitMessage 发出 WM_QUIT 消息
    default:
        return DefWindowProc(hwnd, message, wParam, lParam);
    }
    return 0;
}
```

实验 8　为单文档输出文本信息

 **实验目的**

(1)了解文本的操作,学会为单文档输出信息。

(2)学习 CFont 型字体变量的定义与调用。

(3)掌握单文档界面的开发方法和与文档有关的类的应用。

实验内容

设计并实现单文档程序界面(如图 8-1 所示)。

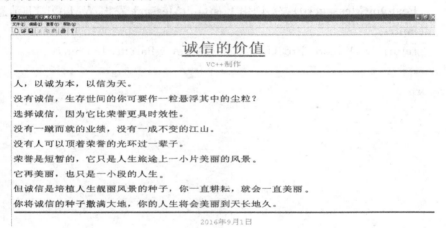

图 8-1　单文档程序界面

设计要求:修改"VC＋＋制作"为自己的学号和姓名,最后一行日期为实验当天日期。图中文字和直线格式不限。

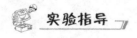 **实验指导**

在文档类的派生类 CTestDoc 类中定义存储信息的变量,在其构造函数中对这些变量进行初始化。

(1)第 1 步:在文档类的派生类 CTestDoc 类里定义用于保存输出信息的 12 个

Cstring 型公共内存变量 str1，str2，str3，str4，str5，str6，str7，str8，str9，str10，str11，str12。

选择项目工作区窗口下的 ClassView 标签页，双击 CTestDoc 类，项目工作区窗口右边的编辑窗口会显示定义这个类的代码。

```
class CTestDoc：public CDocument
{
    protected：// create from serialization only
    CTestDoc()；
    DECLARE_DYNCREATE(CTestDoc)
    // Attributes
    public：
        CString str1，str2,str3,str4,str5,str6,str7,str8,str9,str10,str11,str12；
    // Operations
    ...
}
```

（2）第 2 步：在 CTestDoc 类的构造函数里初始化已定义的这 10 个变量。

选择项目工作区窗口下的 ClassView 标签页，展开 CTestDoc 类，双击其构造函数，项目工作区窗口右边的编辑窗口会显示构造函数的代码。

```
CTestDoc：：CTestDoc()
{
    // TODO：add one-time construction code here
    str1="诚信的价值"；
    str2="VC++制作"；
    str3="人，以诚为本，以信为天。"；
    str4="没有诚信，生存世间的你可要作一粒悬浮其中的尘粒?"；
    str5="选择诚信，因为它比荣誉更具时效性。"；
    str6="没有一蹴而就的业绩，没有一成不变的江山。"；
    str7="没有人可以顶着荣誉的光环过一辈子。"；
    str8="荣誉是短暂的，它只是人生旅途上一小片美丽的风景。"；
    str9="它再美丽，也只是一小段的人生。"；
    str10="但诚信是培植人生靓丽风景的种子，你一直耕耘，就会一直美丽。"；
    str11="你将诚信的种子撒满大地，你的人生将会美丽到天长地久。"；
    str12="2016 年 9 月 1 日"；
}
```

（3）第 3 步：在 CTestView 类里定义 3 个 CFont 型字体变量和一个 BOOL 型变量。

选择项目工作区窗口下的 ClassView 标签页，双击 CTestView 类，项目工作区窗口右边的编辑窗口会显示定义这个类的代码。

```
class CTestView : public CView
{
    protected: // create from serialization only
    CTestView();
    DECLARE_DYNCREATE(CTestView)
    CFont startFont1, startFont2, startFont3;
    BOOL m_bTestRead;
    // Attributes
    public: CTestDoc * GetDocument();
    // Operations
    ...
}
```

（4）第 4 步：在 CTestView 类的构造函数里初始化已定义的字体变量。

选择项目工作区窗口下的 ClassView 标签页，展开 CTestView 类，双击其构造函数，项目工作区窗口右边的编辑窗口会显示构造函数的代码。用 CreateFont 来实现字符控制。

```
CTestView::CTestView()
{
    // TODO: add construction code here
    if(!(startFont1.CreateFont(50,0,0,0, FW_BOLD,0,1,0,ANSI_CHARSET,OUT_
    DEFAULT_PRECIS,CLIP_DEFAULT_PRECIS,DEFAULT_QUALITY,FIXED_
    PITCH,"new Font1")))
    startFont1.CreateStockObject(SYSTEM_FIXED_FONT);
                                //选用 Windows 标准固定宽度的字体
    if(!(startFont2.CreateFont(25,0,0,0, FW_NORMAL,0,0,0,ANSI_CHAR-
    SET,OUT_DEFAULT_PRECIS, CLIP_DEFAULT_PRECIS, DEFAULT_
    QUALITY,FIXED_PITCH,"new Font2")))
        startFont2.CreateStockObject(SYSTEM_FIXED_FONT);
    if(!(startFont3.CreateFont(30,0,0,0, FW_BOLD,0,0,0,ANSI_CHARSET,OUT_
    DEFAULT_PRECIS, CLIP_DEFAULT_PRECIS, DEFAULT_QUALITY,FIXED_
    PITCH,"new Font3")))
        startFont3.CreateStockObject(SYSTEM_FIXED_FONT);
    m_bTestRead=FALSE;
}
```

（5）第 5 步：在视图类的派生类 CTestView 类中添加 DisplayState 函数。

选择项目工作区窗口下的 ClassView 标签页，右击 CTestView 类，在弹出的菜单中选择 Add Member Function…菜单项，添加函数 DisplayState(CDC * pDC)，如图 8-2 所示。

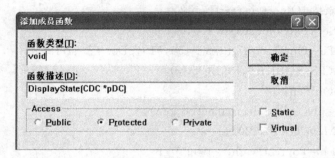

图 8-2　添加成员函数

选择项目工作区窗口下的 ClassView 标签页,展开 CTestView 类,双击 DisplayState (CDC * pDC) 函数,在项目工作区窗口右边的编辑窗口添加其代码如下:

```
void CTestView::DisplayState(CDC * pDC) //定义输出信息函数
{
    CTestDoc * pDoc＝GetDocument();   //取得文档类指针
    CFont * pStartOldFont;        //定义现有字体指针
    CRect rect;
    GetClientRect(&rect);
    pStartOldFont＝(CFont * )pDC－>SelectObject(&startFont1);
    pDC－>SetTextAlign(TA_CENTER);
    pDC－>SetTextColor(RGB(255,0,0));
    pDC－>TextOut(rect. right/2,20,pDoc－>str1);
    pDC－>SelectObject(&startFont2);
    pDC－>SetTextColor(RGB(128,128,0));
    pDC－>TextOut(rect. right/2,85,pDoc－>str2);
    pDC－>SelectObject(&startFont3);
    pDC－>SetTextColor(RGB(0,0,255));
    pDC－>SetTextAlign(TA_LEFT);
    pDC－>TextOut(5,150,pDoc－>str3);
    pDC－>TextOut(5,150＋50,pDoc－>str4);
    pDC－>TextOut(5,150＋100,pDoc－>str5);
    pDC－>TextOut(5,150＋150,pDoc－>str6);
    pDC－>TextOut(5,150＋200,pDoc－>str7);
    pDC－>TextOut(5,150＋250,pDoc－>str8);
    pDC－>TextOut(5,150＋300,pDoc－>str9);
    pDC－>TextOut(5,150＋350,pDoc－>str10);
    pDC－>TextOut(5,150＋400,pDoc－>str11);
```

```
pDC->SelectObject(&startFont2);
pDC->SetTextColor(RGB(255,0,255));
pDC->TextOut(rect.right/3+150,610,pDoc->str12);
CPen pen(PS_SOLID,5,RGB(255,0,0));
CPen * pOldPen;
pOldPen=pDC->SelectObject(&pen);
pDC->MoveTo(10,120);
pDC->LineTo(rect.right-10,120);
pDC->MoveTo(10,590);
pDC->LineTo(rect.right-10,590);
pDC->SelectObject(pStartOldFont);        //恢复字体
pDC->SelectObject(pOldPen);              //恢复画笔
pDC->SetTextColor(RGB(0,0,0));           //恢复文本颜色黑色
pDC->SetTextAlign(TA_LEFT);              //恢复文本为左对齐
}
```

(6)第 6 步:在视图类的派生类 CTestView 类中修改 OnDraw(CDC * pDC)函数。

选择项目工作区窗口下的 ClassView 标签页,展开 CTestView 类,双击 OnDraw (CDC * pDC)函数,在项目工作区窗口右边的编辑窗口添加其代码如下:

```
void CTestView::OnDraw(CDC * pDC)
{
CTestDoc * pDoc = GetDocument();
ASSERT_VALID(pDoc);
// TODO: add draw code for native data here
if (m_bTestRead) {}   //如果单击了测试
else   DisplayState(pDC);
}
```

实验 9　窗口绘图(一)

实验目的

(1)了解文本的操作,学会为单文档输出图形信息。

(2)与绘图相关的类 CPoint,CRect,CPen,CBrush 等的使用。

(3)常用绘图函数的使用。

实验内容

任务 1　用水平线、位图、颜色填充矩形区域,如图 9-1 所示。

图 9-1　用水平线、位图、颜色填充矩形区域

(1)创建一个单文档应用程序,工程名为 draw01。

(2)在视图类 CDraw08View 的 OnDraw 函数中,添加代码如下:

```
void CDraw01View::OnDraw(CDC * pDC)
{
    CDraw08Doc * pDoc=GetDocument();
    ASSERT_VALID(pDoc);
    CBrush brush1(HS_HORIZONTAL,RGB(255,0,0));
    pDC->FillRect(CRect(20,30,150,150),&brush1);//用水平线填充
    CBitmap bmp;
    bmp.LoadBitmap(IDB_BITMAP1);//注意位图加载使用方法
    CBrush brush2;
    brush2.CreatePatternBrush(&bmp);
    pDC->FillRect(CRect(180,30,310,150),&brush2);//用位图填充
```

```
pDC->FillSolidRect(CRect(340,30,470,150),RGB(0,255,0));//用颜色填充
}
```

任务 2 绘制贝赛尔曲线,工程名为 bezier,如图 9-2 所示。

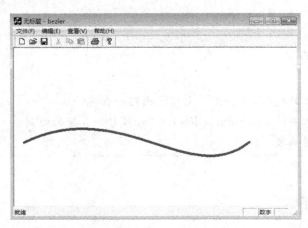

图 9-2 贝赛尔曲线

通常需要设置曲线的起始点、结束点和两个控制点。
(1)基于单文档的工程名为 bezier。
(2)在视图类的 OnDraw 函数中添加代码如下:

```
void CBezierView::OnDraw(CDC * pDC)
{
    CBezierDoc * pDoc = GetDocument();
    ASSERT_VALID(pDoc);
    CPen pen(PS_SOLID,5,RGB(255,0,0));
    CPen * oldpen=pDC->SelectObject(&pen);
    POINT ptv[4];
    ptv[0].x=20;
    ptv[0].y=200;
    ptv[1].x=220;
    ptv[1].y=100;
    ptv[2].x=360;
    ptv[2].y=300;
    ptv[3].x=480;
    ptv[3].y=200;
    pDC->PolyBezier(ptv,4);
}
```

任务 3　绘制印章中旋转的文字,工程名为 stamp,如图 9-3 所示。

图 9-3　印章图案中旋转的文字

(1)建立基于单文档的应用程序,工程名为 stamp。
(2)在 OnDraw()函数中添加代码如下:

```
void CStampView::OnDraw(CDC * pDC)
{
    CStampDoc * pDoc=GetDocument();
    ASSERT_VALID(pDoc);
    CPen pen(PS_SOLID,8,RGB(255,0,0));
    CPen * oldpen=pDC->SelectObject(&pen);
    pDC->Ellipse(10,10,310,310);
    CFont font, * poldfont;
    LOGFONT log;
    memset(&log,0,sizeof(log));
    log.lfCharSet=134;
    log.lfHeight=28;
    log.lfWeight=10;
    log.lfEscapement=900;    //逆时针
    strcpy(log.lfFaceName,"黑体");
    font.CreateFontIndirect(&log);
    poldfont=pDC->SelectObject(&font);
    pDC->TextOut(20,180,"莆");
    font.DeleteObject();
    log.lfEscapement=700;
    font.CreateFontIndirect(&log);
```

```
pDC->SelectObject(&font);
pDC->TextOut(22,130,"田");
font.DeleteObject();
log.lfEscapement=500;
font.CreateFontIndirect(&log);
pDC->SelectObject(&font);
pDC->TextOut(45,85,"学");
font.DeleteObject();
log.lfEscapement=300;
font.CreateFontIndirect(&log);
pDC->SelectObject(&font);
pDC->TextOut(80,50,"院");
font.DeleteObject();
log.lfEscapement=100;
font.CreateFontIndirect(&log);
pDC->SelectObject(&font);
pDC->TextOut(125,30,"信");
font.DeleteObject();
log.lfEscapement=-100;
font.CreateFontIndirect(&log);
pDC->SelectObject(&font);
pDC->TextOut(170,25,"息");
font.DeleteObject();
log.lfEscapement=-300;
font.CreateFontIndirect(&log);
pDC->SelectObject(&font);
pDC->TextOut(220,40,"工");
font.DeleteObject();
log.lfEscapement=-500;
font.CreateFontIndirect(&log);
pDC->SelectObject(&font);
pDC->TextOut(255,75,"程");
font.DeleteObject();
log.lfEscapement=-700;
font.CreateFontIndirect(&log);
pDC->SelectObject(&font);
pDC->TextOut(280,110,"学");
```

```
        font. DeleteObject();
        log. lfEscapement = -900;
        font. CreateFontIndirect(&log);
        pDC->SelectObject(&font);
        pDC->TextOut(290,160,"院");
        font. DeleteObject();
        pDC->SelectObject(poldfont);
    }
```

任务 4　利用 MFC 编程实现：月牙高挂夜空，随机大小的五角星和亮点在闪烁，如图 9-4 所示。

图 9-4　随机大小的五角星和亮点闪烁在夜空

任务 5　绘制一个模拟时钟，如图 9-5 所示。要求表面为一个粉色的圆，并带有刻度，时针、分针、秒针运行时应与实际接近。

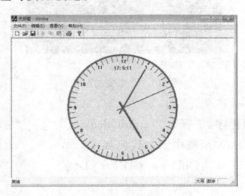

图 9-5　模拟时钟

实验 10　窗口绘图（二）

实验目的

（1）了解文本的操作，学会为单文档输出图形信息。

（2）与绘图相关的类 CPoint，CRect，CPen，CBrush 等的使用。

（3）常用绘图函数的使用。

实验内容

任务 1　绘制渐变的颜色，如图 10-1 所示。

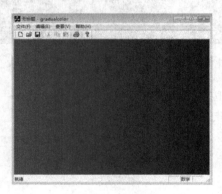

图 10-1　渐变的颜色

（1）创建单文档应用程序，工程名为 gradualcolor。

（2）在视图类的 OnDraw 函数中添加代码如下：

```
void CGradualcolorView::OnDraw(CDC * pDC)
{
    CGradualcolorDoc * pDoc=GetDocument();
    ASSERT_VALID(pDoc);
    COLORREF startcolor,endcolor;
    startcolor=RGB(255,0,0);
    endcolor=RGB(0,0,200);
    CRect rc;
```

```
GetClientRect(&rc);
BYTE r1,g1,b1;
BYTE r2,g2,b2;
BYTE r3,g3,b3;
r1=GetRValue(startcolor);
g1=GetGValue(startcolor);
b1=GetBValue(startcolor);
r2=GetRValue(endcolor);
g2=GetGValue(endcolor);
b2=GetBValue(endcolor);
for (int i=0;i<rc. Width();i++)
{
    r3=r1+i*(r2-r1)/rc. Width();
    g3=g1+i*(g2-g1)/rc. Width();
    b3=b1+i*(b2-b1)/rc. Width();
    CPen pen(PS_SOLID,1,RGB(r3,g3,b3));
    pDC->SelectObject(&pen);
    pDC->MoveTo(i,0);
    pDC->LineTo(i,rc. Height());
}
```

任务 2　绘制万花筒图案,工程名为 kaleidoscope,如图 10-2 所示。

图 10-2　万花筒图案

(1)创建单文档应用程序,工程名为 kaleidoscope。

(2)在头文件 stdafx. h 中添加♯include<cmath. h>。

(3)在视图类的 OnDraw 函数中添加代码如下:

```
void CKaleidoscopeView::OnDraw(CDC * pDC)
{
    CKaleidoscopeDoc * pDoc=GetDocument();
    ASSERT_VALID(pDoc);
    int n=2;
```

```
int r1＝300/n,r2＝100/n;
int w＝400/n,h＝300/n;
int tmpx＝w－(r1－r2＋s),tmpy＝h;
int s＝70;    //改变 s 值可生成不同图案
CString str;
str.Format("%d",s);
pDC－＞TextOut(600,50,"s＝"＋str);
CPen pen(PS_SOLID,1,RGB(255,0,0));
CPen ＊oldpen＝pDC－＞SelectObject(&pen);
int a1,a2,xt,yt;
for (int i＝1;i＜20000;i＋＋)
{
    a1＝(int)(3.14/30＊i);
    a2＝(int)(r1/r2＊a1);
    xt＝－(r1－r2)＊cos(a1)－s＊cos(a2－a1)＋w;
    yt＝(r1－r2)＊sin(a1)－s＊sin(a2－a1)＋h;
    pDC－＞MoveTo(tmpx,tmpy);
    pDC－＞LineTo(xt,yt);
    tmpx＝xt;
    tmpy＝yt;
}
}
```

任务3　绘制沙丘图案,工程名为 sand,如图 10-3 所示。

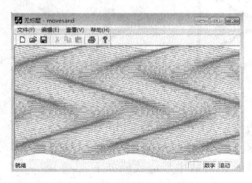

图 10-3　沙丘图案

(1)创建单文档应用程序,工程名为 sand。

(2)在头文件 stdafx.h 中添加 ♯include ＜cmath＞

(3)在视图类的 OnDraw 函数中添加代码如下:

```
void CSandView::OnDraw(CDC * pDC)
{
    CSandDoc * pDoc＝GetDocument();
    ASSERT_VALID(pDoc);
    double t1,t2;
    CPen pen(PS_SOLID,1,RGB(128,128,0));
    CPen * oldpen＝pDC－>SelectObject(&pen);
    for (int i＝0;i<500;i+＝5)
    {
        t1＝2 * 3.14 * (i－25)/360;
        t2＝3.14 * sin(t1);
        for (double j＝0;j<5 * 3.14;j+＝3.14/10)
        {
            int x＝(int)(500/5/3.14 * j);
            int y＝(int)(i+18 * sin(j+t2));
            if(j＝＝0)
            {
                pDC－>SetPixel(x,y/2,RGB(153,153,50));
                pDC－>MoveTo(x,y/2);
            }
            pDC－>LineTo(x,y/2);
        }
    }
}
```

任务 4　模拟设计三叶草,工程名为 threeleaf,如图 10-4 所示。

图 10-4　三叶草

（1）建立基于单文档的应用程序，工程名为 threeleaf。

（2）在 OnDraw()函数中添加代码：

```
void CThreeleafView::OnDraw(CDC * pDC)
{
    CThreeleafDoc * pDoc=GetDocument();
    ASSERT_VALID(pDoc);
    int m,k;
    double p[4][6]={{0,0,0,0.16,0,0},{0.85,0.04,-0.04,0.85,0,1.6},
    {0.2,-0.26,0.23,0.22,0,1.6},{-0.15,0.28,0.26,0.24,0,0.44}};
    double x=0,y=0;
    for(int i=0;i<30000;i++)
    {
        m=(int)rand()%100+1;
        if(m<=85)   k=1;
        if (m==86)   k=0;
        if (m>86 && m<=94)   k=2;
        if (m>=94)   k=3;
        x=p[k][0] * x+p[k][1] * y+p[k][4];
        y=p[k][2] * x+p[k][3] * y+p[k][5];
        pDC->SetPixel((long)(200+400 * x/10),(long)(400 * y/10),RGB(0,128,0));
    }
}
```

任务5 绘制旋转的风车，如图 10-5 所示。

图 10-5 旋转的风车

任务 6　在扇面上写唐诗,效果如图 10-6 所示。

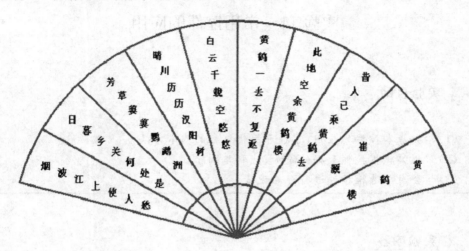

图 10-6　在扇面上写唐诗

实验 11　常用控件的应用

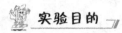
实验目的

(1)学会基本控件的应用,掌握可视化编程的基本方法。
(2)掌握编辑框控件数据的添加、选取与删除。
(3)学会对单选框控件进行分组设置。

实验内容

任务 1　设计并实现如图 11-1 所示的对话框程序。

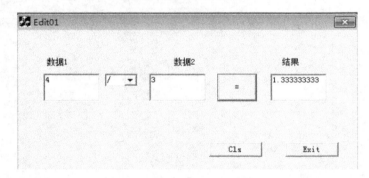

图 11-1　编辑框和组合框应用界面

任务 2　设计并实现如图 11-2 所示的对话框程序。

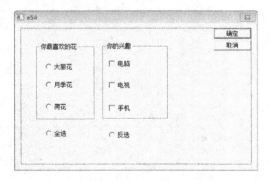

图 11-2　单选框与复选框应用界面

图 11-2 功能说明：

(1)Radio1 大丽花，Radio2 月季花，Radio3 荷花为一个组，组内仅能够有一个组员被选中。

(2)Radio4 全选和 Radio5 反选为一组。

(3)选择 Radio4 全选能够令复选框中的 Check1 电脑，Check2 电视，Check3 手机全选。

(4)选择 Radio5 反选，则实现了复选框的反选功能。

(5)点击"确定"按钮，能够判断对话框中的所有单选框与复选框的选中状态。

(6)两个组框控件，用于美化设计界面。

任务 1 的程序设计步骤如下：

(1)创建基于对话框的 MFC 工程 Edit01，修改确定按钮的 ID 为 IDC_IDC_EXIT，标题为"Exit"，删除默认添加的其他两个控件。

添加 3 个静态文本控件，Caption 分别设为"数据 1""数据 2"和"结果"。

添加 3 个编辑框控件，ID 分别设为 IDC_EDIT1，IDC_EDIT2 和 IDC_EDIT3。

添加 1 个组合框控件，ID 为 IDC_COMBO1，并通过 data 属性为控件赋初值＋，－，＊，/，取消分类(排序)属性。

注意：每添加一个数据后要用 Ctrl＋Enter 换行，然后添加下一个数据。

添加 2 个按钮控件，ID 分别设为 IDC_BUTTON1 和 IDC_CLS，标题分别为＝和 Clear。

(2)为组合框控件关联一个 CComboBox 型变量 m_op_combo。

为编辑框 IDC_EDIT1 控件关联一个 CEdit 型变量 m_data1_edit。

为编辑框 IDC_EDIT2 控件关联一个 CEdit 型变量 m_data2_edit。

为编辑框 IDC_EDIT3 控件关联一个 CString 型变量 m_result_edit。

(3)给三个按钮控件添加代码，响应单击事件。

```
void CEdit01Dlg::OnButton1()
{
    int n＝m_op_combo.GetCurSel();//获取当前选项的索引值
    char s1[10],s2[10],c[50];
    double d1,d2,result＝0;
    m_data1_edit.GetWindowText(s1,10);
    m_data2_edit.GetWindowText(s2,10);
    d1＝atof((LPCTSTR)s1);
    d2＝atof((LPCTSTR)s2);
    switch(n)
    {
        case 0：result＝d1＋d2;break;
        case 1：result＝d1－d2;break;
```

```
        case 2：result＝d1＊d2；break；
        case 3：if（d2!＝0）  result＝d1/d2；
    }
    _gcvt(result,10,c)；
    m_result_edit＝(LPCTSTR)c；
    UpdateData(FALSE)；
}
void CEdit01Dlg：：OnCls()
{
    m_data1_edit.SetSel(0,－1)；
    m_data1_edit.ReplaceSel("")；
    m_data2_edit.SetSel(0,－1)；
    m_data2_edit.ReplaceSel("")；
    m_result_edit＝""；
    UpdateData(FALSE)；
}
void CEdit01Dlg：：OnExit()
{
    OnOK()；
}
```

任务 2 程序设计步骤如下：

(1)创建一个基于对话框的 MFC 工程 e54，删除默认添加的三个控件。

(2)在对话框中拖入组框、单选框与复选框，修改其 Caption，设置各单选框的属性。

设定 Radio1 属性：Group，Tabstop，Auto。

设定 Radio2 属性：Tabstop，Auto。

设定 Radio3 属性：Tabstop，Auto。

设定 Radio4 属性：Group，Tabstop，Auto。

设定 Radio5 属性：Tabstop，Auto。

(3)对主对话框中的单选框和复选框设置成员变量，如图 11-3 所示。只有被选为"组"的单选框和复选框才需要设置成员变量。

(4)在 ClassView 页的 OnInitDialog() 函数中设置单选框和复选框控件的初始状态。

```
m_Check1＝TRUE；      //选中
m_Check2＝FALSE；     //未选中
m_Check3＝FALSE；     //未选中
m_Radio1＝0；         //选中
m_Radio4＝1；         //未选中
```

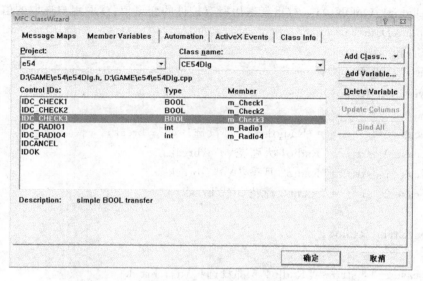

图 11-3   设置成员变量

(5)为单选框 Radio4 添加复选框全选功能,代码如下:

```
void CE54Dlg::OnRadio4()
{
  //这里注意不要写成 m_Check1,m_Check2,…的形式
  for (int i=IDC_CHECK1;i<=IDC_CHECK3;i++)
  {
    ((CButton * )GetDlgItem(i))->SetCheck(1);//设置一个复选框的值
  }
}//IDC_CHECK1-IDC_CHECK3 实质上是 int 型,可用于遍历
```

(6)而选中 Radio5,则实现反选功能,具体的函数代码如下:

```
void CE54Dlg::OnRadio5()
{
  for(int i=IDC_CHECK1;i<=IDC_CHECK3;i++)
  if((((CButton * )GetDlgItem(i))->GetCheck())   //获取复选框或单选框的值
    ((CButton * )GetDlgItem(i))->SetCheck(0);
  else
    ((CButton * )GetDlgItem(i))->SetCheck(1);
}
```

(7) 点击"确定"按钮,判断对话框内哪些控件被选中。

```
void CE54Dlg::OnOK()
{
```

```
CDialog::OnOK();    //重新遍历所有控件的变量值,读取用户选取的值
UpdateData();
CString str;
str="你选中:\n";
switch(m_Radio1)
{
    case -1：str+="Radio1,2,3 都没选！\n"; break;
    case 0：str+="Radio1 大丽花\n"; break;
    case 1：str+="Radio2 月季花\n"; break;
    case 2：str+="Radio3 荷花\n"; break;
}
switch(m_Radio4)
{
    case -1：str+="Radio4,5 都没选！\n"; break;
    case 0：str+="Radio4 全选\n"; break;
    case 1：str+="Radio5 反选\n"; break;
}
if(m_Check1)   str+="Check1 电脑\n";
if(m_Check2)   str+="Check2 电视\n";
if(m_Check3)   str+="Check3 手机\n";
if(!m_Check1&&!m_Check2&&!m_Check3)
    str+="没有选择任何复选框!\n";
AfxMessageBox(str);
}
```

程序运行结果,如图 11-4 所示。

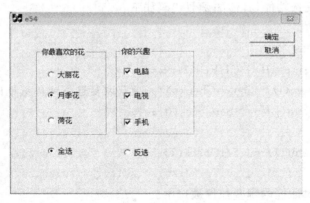

图 11-4 程序运行结果

实验 12   列表框的应用

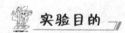 实验目的

(1)学会基本控件的应用,掌握可视化编程的基本方法。

(2)理解对象、消息与方法的关系。

(3)掌握列表框控件数据的添加、插入与删除。

(4)熟悉 CListBox,CComboBox 类主要成员函数的使用。

实验内容

任务 1   设计如图 12-1 所示的对话框程序,实现在列表框中指定位置插入文本。

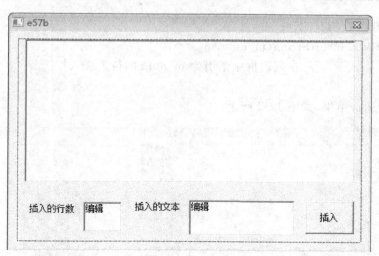

图 12-1   初始界面控件布局

程序设计步骤如下:

(1)创建一个基于对话框的 MFC 工程 e57b,删除默认添加的三个控件。

(2)添加一个 Listbox 控件,ID 设为 IDC_LIST1,Sort 属性设为 False,以取消排序显示。再添加 2 个静态文本控件、2 个编辑框和 1 个命令按钮,2 个静态文本控件的 Caption 属性分别设为"插入的行数:"和"插入的文本:",编辑框的 ID 分别设为 IDC_ROW,IDC_INSERTSTR,命令按钮控件的 Caption 属性设为"插入"。

(3)为列表框 IDC_LIST1 添加 CListBox 类型的控件变量 m_list,为编辑框 IDC_ROW 添加 int 型变量 m_num,为编辑框 IDC_INSERTSTR 添加 CString 型变量 m_str。

(4)将列表项内容添加到列表框中,需要在对话框初始化 OnInitDialog()函数中添加如下代码:

```
BOOL CE57bDlg ：：OnInitDialog()
{
  …
  m_list. AddString(_T("白日依山尽,"));//在列表框末尾添加
  m_list. AddString(_T("黄河入海流。"));
  m_list. AddString(_T("欲穷千里目,"));
  m_list. AddString(_T("更上一层楼。"));
  return TRUE；
}
```

(5)处理"插入"按钮的单击事件,为它添加响应函数 OnButtonInsert(),具体代码如下：

```
void CE57bDlg：：OnButtonInsert()
{
  UpdateData(TRUE)；
  m_listBox. InsertString(m_num,m_str)；
            //在列表框中索引为 m_num 的位置插入
}
```

(6)查看运行结果,如图 12-2 所示。

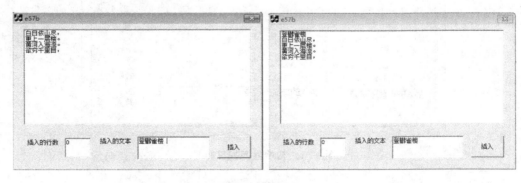

图 12-2　在列表框中的指定位置插入文本

任务 2　设计实现如图 12-3 所示的对话框的程序,避免向列表框控件中插入重复数据。

程序设计步骤如下：

(1)创建一个基于对话框的 MFC 工程 e57c,删除默认添加的三个控件。

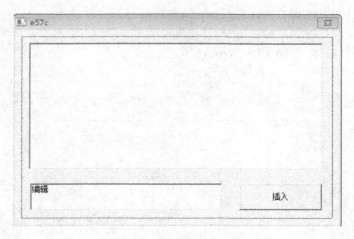

图 12-3　初始界面控件布局

(2)添加一个 Listbox 控件,ID 设为 IDC_LIST1,Sort 属性设为 False,以取消排序显示,再添加 1 个编辑框和 1 个命令按钮,2 个静态文本控件的 Caption 属性分别设为"插入的行数:"和"插入的文本:",编辑框的 ID 分别设为 IDC_ROW, IDC_INSERTSTR,命令按钮控件的 Caption 属性设为"插入"。

(3)为列表框 IDC_LIST1 添加 CListBox 类型的控件变量 m_list,为编辑框 IDC_ED-IT1 添加 CEdit 类型的控件变量 m_EDIT。

(4)处理"插入"按钮的单击事件,为它添加响应函数 OnButtonInsert(),具体代码如下:

```
void CE57cDlg::OnButtonInsert()
{
    CString str1;
    m_EDIT.GetWindowText(str1);        //获取编辑框中的数据
    int n=m_list.GetCount();           //获得列表框的行数
    for(int i=0;i<n;i++)
    {
        CString str2;
        m_list.GetText(i,str2);        //获取指定行的数据
        if (str2==str1)                //判断数据是否已存在
        {
            MessageBox("Repeat!");
            return;
        }
    }
```

    m_list. AddString(str1);

}

(6)查看运行结果,如图 12-4 所示。

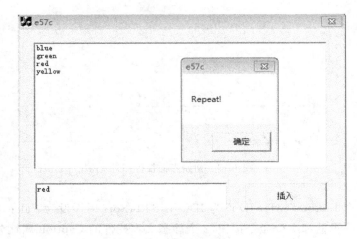

图 12-4　避免向列表框控件中插入重复数据

任务 3　设计如图 12-5 所示的对话框程序,实现列表框控件的复选数据功能。

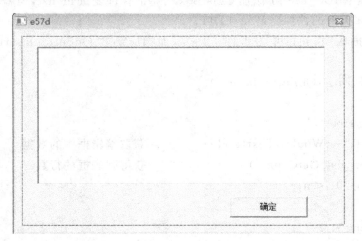

图 12-5　初始界面控件布局

程序设计步骤如下:

(1)创建一个基于对话框的 MFC 工程 e57d,删除默认添加的三个控件。

(2)添加一个 Listbox 控件,ID 设为 IDC_LIST1,Owner draw 属性设为 Fixed(固定),并选择 Has strings(有字串)属性,如图 12-6 所示。再添加 1 个命令按钮,Caption 属性设为"确定"。

图 12-6　列表框控件的属性

(3)为列表框 IDC_LIST1 添加 CListBox 类型的控件变量 m_list。在对话框的头文件中将 m_list 的类型由 CListBox 修改为 CCheckListBox。即

CCheckListBox m_list;

说明:CCheckListBox 派生于 CListBox,它为数据项提供了复选功能,能够使列表框的每一项都是一个复选框样式。

(4)在对话框初始化时向列表框中添加数据,需要在对话框初始化 OnInitDialog()函数中添加如下代码:

```
BOOL CE57bDlg∷OnInitDialog()
{
  …
  m_list.InsertString(0,"历史");
  m_list.InsertString(1,"地理");
  m_list.InsertString(2,"政治");
  m_list.InsertString(3,"生物");
  m_list.InsertString(4,"体育");
  return TRUE;
}
```

(5)处理"确定"按钮的单击事件,为它添加响应函数 OnButton1(),具体代码如下:

```
void CE57eDlg∷OnButton1()
{
  CString str1="";
  int n=m_list.GetCount();        //获得列表框的行数
  for(int i=0;i<n;i++)
    if(m_list.GetCheck(i))        //判断指定行是否选中
      {
        CString str2;
        m_list.GetText(i,str2);    //获取指定行的数据
        str1+=str2+"\n";
```

```
        }
    MessageBox(str1);
}
```

（6）程序运行结果如图 12-7 所示。

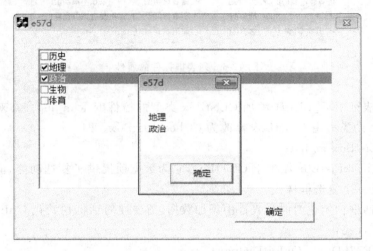

图 12-7　列表框控件的复选数据功能

任务 4　设计如图 12-8 所示的对话框程序，实现列表框数据的选取与删除。

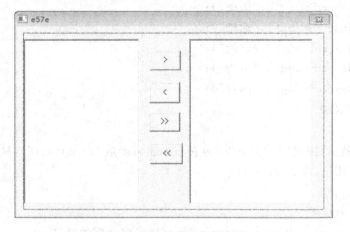

图 12-8　初始界面控件布局

程序设计步骤如下：

（1）创建一个基于对话框的 MFC 工程 e57e，删除默认添加的三个控件。

（2）添加 2 个 Listbox 控件和 4 个命令按钮。

（3）为列表框 IDC_LIST1 和 IDC_LIST2 分别添加 CListBox 类型的控件变量 m_list1和 m_list2。

（4）在对话框初始化时向列表框中添加数据,需要在对话框初始化 OnInitDialog()
函数中添加如下代码:

```
BOOL CE57eDlg ::OnInitDialog()
{
    ...
    m_list1. InsertString(0,"中国");
    m_list1. InsertString(1,"美国");
    m_list1. InsertString(2,"俄罗斯");
    m_list1. InsertString(3,"英国");
    m_list1. InsertString(4,"法国");
    m_list1. InsertString(5,"德国");
    m_list1. InsertString(6,"加拿大");
    m_list1. InsertString(7,"日本");
    m_list1. InsertString(8,"澳大利亚");
    return TRUE;
}
```

（5）处理">"按钮的单击事件,为它添加响应函数 OnButton1(),具体代码如下:

```
void CE57eDlg::OnButton1()
{
    CString str="";
    int i=m_list1. GetCurSel();        //获取选定行的索引
    m_list1. GetText(i,str);
    m_list2. AddString(str);
    m_list1. DeleteString(i);
}
```

（6）处理"<"按钮的单击事件,为它添加响应函数 OnButton2(),具体代码如下:

```
void CE57eDlg::OnButton2()
{
    CString str="";
    int i=m_list2. GetCurSel();        //获取选定行的索引
    m_list2. GetText(i,str);
    m_list1. AddString(str);
    m_list2. DeleteString(i);
}
```

（7）处理">>"按钮的单击事件,为它添加响应函数 OnButton3(),具体代码如下:

```
void CE57eDlg::OnButton3()
{
```

```
    CString str="";
    int n=m_list1.GetCount();          //获得列表框的行数
    for(int i=0;i<n;i++)
    {
        m_list1.GetText(i,str);
        m_list2.AddString(str);
    }
    m_list1.ResetContent();
}
```

(8)处理"〈〈"按钮的单击事件,为它添加响应函数 OnButton4(),具体代码如下:

```
void CE57eDlg::OnButton4()
{
    CString str="";
    int n=m_list2.GetCount();          //获得列表框的行数
    for(int i=0;i<n;i++)
    {
        m_list2.GetText(i,str);
        m_list1.AddString(str);
    }
    m_list2.ResetContent();
}
```

(9)程序运行结果如图 12-9 所示。

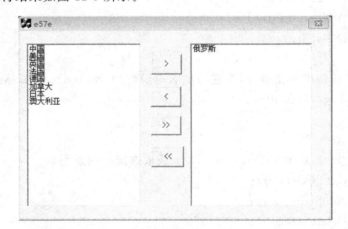

图 12-9　列表框数据的选取与删除

实验 13　　商品价格竞猜游戏

实验目的

（1）学习静态文本控件、图片控件、按钮控件和编辑框控件的使用。

（2）掌握对话框中控件数据的获取与设置。

实验内容

1.实验准备

商品名称：

cmm[0]＝"海信 3 匹金色变频除甲醛艺术柜机"；

cmm[1]＝"华为 watch 智能手表"；

cmm[2]＝"联想 IdeaPad 710S 13.3 英寸轻薄笔记本电脑"；

cmm[3]＝" BCD－572WDENU1 572 升海尔冰箱"；

cmm[4]＝"华为揽阅 M2 10 英寸八核平板电脑"；

cmm[5]＝"华硕顽石 4 代 15.6 英寸疾速版游戏超薄笔记本电脑"；

cmm[6]＝"康佳 A55U 液晶电视"；

cmm[7]＝"Gcord pro1 极线智能电话机"；

cmm[8]＝"索尼数码相机 DSC－H400"；

商品价格：

price[0]＝5999；

price[1]＝3288；

price[2]＝4999；

price[3]＝3699；

price[4]＝2288；

price[5]＝5499；

price[6]＝2879；

price[7]＝1999；

price[8]＝1728；

商品 256 色位图图片：共 9 张图片。

2.商品价格竞猜游戏介绍

游戏设计界面如图 13-1 和图 13-2 所示,游戏规则如下：

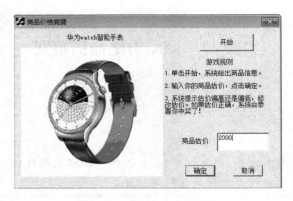

图 13-1　商品价格竞猜界面

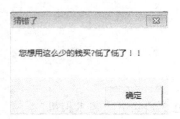

图 13-2 系统提示信息

（1）单击开始，系统给出商品信息。

（2）输入你的商品估价，点击确定。

（3）系统提示估价偏高还是偏低，修改估价。如果估价正确，系统会恭喜你中奖了！

3.实验步骤

（1）新建一个基于对话框的应用程序 test0601，保留默认添加的三个控件，再添加 3 个 static 文本控件，1 个 Button 控件，1 个 edit 控件和 1 个 picture 控件，如图 13-3 所示。

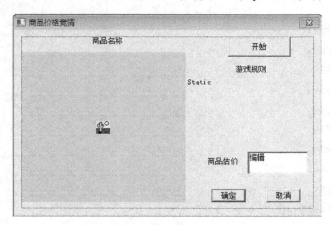

图 13-3　加入控件后的初始界面

（2）修改对话框的 Caption 属性为"商品价格竞猜"，修改各个 static 控件和 Button 控件的 Caption 属性。将图片正上方的 static 控件的 ID 属性设为 IDC_STATIC1，将游戏规则下方的 static 控件的 ID 属性设为 IDC_STATIC2，将图像控件的 ID 属性设为 IDC_PICTURE，类型选择位图，样式选择图像居中。修改 edit1 的属性，选中其 styles 属性中的 Number 属性。其他属性均使用默认设置。

（3）定义成员变量。

单击对话框编辑器窗口并选择 view 菜单的 ClassWizard 命令或按 Ctrl＋W 键。为 IDC_BUTTON1 定义控件型成员变量 m_Button1，为 IDC_EDIT1 定义 int 型值变量 m_EDIT1，为 IDC_STATIC1 定义 CString 型值变量 m_STATIC1，为 IDC_STATIC2 定义 CString 型值变量 m_STATIC2。

（4）引入图片资源 IDB_BITMAP1 至 IDB_BITMAP9。

打开 Insert 菜单中的 Resource 选项，选择 Bitmap 项，并单击 Import 按钮引入图片，浏览并选中要引入的图片，按回车键即可。

（5）在对话框头文件的类定义中加入 3 个私有变量和 1 个公有变量，代码如下：

```
private：
    CString cmm[9]；              //用于保存商品名称
    int CurCmmIndex；             //用于表示当前商品的序号
    int price[9]；                //用于保存各种商品的价格
public：
    CBitmap Bitmap[9]；
```

（6）打开对话框源文件 test0601Dlg. cpp，在类的构造函数中对上面这些变量进行初始化：

```
CTest0601Dlg::CTest0601Dlg（CWnd ＊ pParent / ＊ ＝ NULL ＊ /）：CDialog（CTest0601Dlg::IDD, pParent）
{
    cmm[0]＝"海信 3 匹金色变频除甲醛艺术柜机"；
    cmm[1]＝"华为 watch 智能手表"；
    cmm[2]＝"联想 IdeaPad 710S 13.3 英寸轻薄笔记本电脑"；
    cmm[3]＝"BCD－572WDENU1 572 升海尔冰箱"；
    cmm[4]＝"华为揽阅 M2 10 英寸八核平板电脑"；
    cmm[5]＝"华硕顽石 4 代 15.6 英寸疾速版游戏超薄笔记本电脑"；
    cmm[6]＝"康佳 A55U 液晶电视"；
    cmm[7]＝"Gcord pro1 极线智能电话机"；
    cmm[8]＝"索尼数码相机 DSC－H400"；
    price[0]＝5999；
    price[1]＝3288；
    price[2]＝4999；
```

```
    price[3]＝3699；
    price[4]＝2288；
    price[5]＝5499；
    price[6]＝2879；
    price[7]＝1999；
    price[8]＝1728；
    CurCmmIndex＝1；
    Bitmap[0]. LoadBitmap(IDB_BITMAP1)；
    Bitmap[1]. LoadBitmap(IDB_BITMAP2)；
    Bitmap[2]. LoadBitmap(IDB_BITMAP3)；
    Bitmap[3]. LoadBitmap(IDB_BITMAP4)；
    Bitmap[4]. LoadBitmap(IDB_BITMAP5)；
    Bitmap[5]. LoadBitmap(IDB_BITMAP6)；
    Bitmap[6]. LoadBitmap(IDB_BITMAP7)；
    Bitmap[7]. LoadBitmap(IDB_BITMAP8)；
    Bitmap[8]. LoadBitmap(IDB_BITMAP9)；
    //{{AFX_DATA_INIT(CTest0601Dlg)
    m_EDIT1 = 0；
    m_STATIC1 ="商品名称"；
    m_STATIC2="1.单击开始,系统给出商品信息。\n\n2.输入你的商品估价,点
    击确定。\n\n3.系统提示估价偏高还是偏低,修改估价。如果估价正确,系统会
    恭喜你中奖了!"；  //}}AFX_DATA_INIT
    // Note that LoadIcon does not require a subsequent DestroyIcon in Win32
    m_hIcon = AfxGetApp()－>LoadIcon(IDR_MAINFRAME)；
}
```

(7)定义"开始"按钮的消息处理函数 OnButton1,加入以下代码:

```
void CTest0601Dlg::OnButton1()
{
    m_EDIT1＝0；       //清空 Edit1
    srand(time(NULL))；
    CurCmmIndex＝rand()％9；      //产生随机数 0～8
    m_STATIC1. Format("％s",cmm[CurCmmIndex])；//商品名称
    UpdateData(FALSE)；    //把程序中改变的值更新到控件
    ((CStatic＊)GetDlgItem(IDC_PICTURE))－>SetBitmap(HBITMAP(Bitmap
    [CurCmmIndex]))；
}
```

(8)定义"确定"按钮 IDOK 的消息处理函数 ONOK,并加入以下代码:

```
void CTest0601Dlg::OnOK()
{
    UpdateData(TRUE);    //用控件输入的值更新变量的值
    int priceTemp＝m_EDIT1;
    if(priceTemp＞price[CurCmmIndex])
    {
        MessageBox("您打算用这么多钱买？高估了!","猜错了",MB_OK);
    }
    else if(priceTemp＜price[CurCmmIndex])
    {
        MessageBox("您想用这么少的钱买？低了低了!","猜错了",MB_OK);
    }
    else
    {
        MessageBox("恭喜恭喜!!","猜对了",MB_OK);
    }
}
```

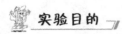

实验14　菜单类的应用

实验目的

(1)通过编程,掌握菜单资源的创建及菜单的消息处理函数的添加及使用。

(2)用 MFC 类库编写含有菜单的应用程序。

(3)学习使用 CMenu 类主要成员函数。

(4)学会添加菜单资源,创建一个带有弹出式菜单的对话框。

(5)掌握用 CMenu::CreatePopupMenu() 和 CMenu::TrackPopupMenu()创建弹出式菜单的方法。

(6)能够使用 CMenu 类的一些成员函数动态地修改菜单。

实验内容

任务1　设计并实现如图 14-1 所示的对话框程序,并添加弹出式菜单。

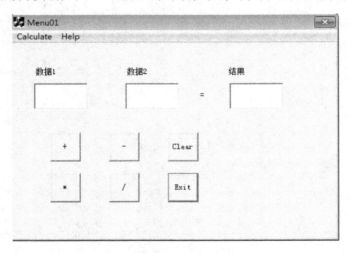

图 14-1　带菜单的设计界面

实验步骤如下:

(1)创建基于对话框的 MFC 工程 Menu01,修改确定按钮的 ID 为 IDC_EXIT,标题为"Exit",删除默认添加的其他两个控件。

添加 4 个静态文本控件,Caption 分别设为"数据 1""数据 2""结果"和"＝"。

添加 3 个编辑框控件,ID 分别设为 IDC_EDIT1,IDC_EDIT2 和 IDC_EDIT3。

添加 4 个按钮控件,ID 分别设为 IDC_ADD,IDC_SUB,IDC_MUL 和 IDC_DIV。Caption 分别设为＋,－,*,/。

添加 1 个按钮控件,ID 设为 IDC_CLEAR,标题为 Clear。

(2)为编辑框 IDC_EDIT1 控件关联一个 CEdit 型变量 m_data1_edit。

为编辑框 IDC_EDIT2 控件关联一个 CEdit 型变量 m_data2_edit。

为编辑框 IDC_EDIT3 控件关联一个 CString 型变量 m_result_edit。

(3)给 6 个按钮控件添加代码,响应单击事件。

```
void CMenu01Dlg::OnAdd()
{
    char s1[10],s2[10],c[50];
    double d1,d2,result=0;
    m_data1_edit.GetWindowText(s1,10);
    m_data2_edit.GetWindowText(s2,10);
    d1=atof((LPCTSTR)s1);
    d2=atof((LPCTSTR)s2);
    result=d1+d2;
    gcvt(result,10,c);
    m_result_edit=(LPCTSTR)c;
    UpdateData(FALSE);
}
void CMenu01Dlg::OnSub()
{
    char s1[10],s2[10],c[50];
    double d1,d2,result=0;
    m_data1_edit.GetWindowText(s1,10);
    m_data2_edit.GetWindowText(s2,10);
    d1=atof((LPCTSTR)s1);
    d2=atof((LPCTSTR)s2);
    result=d1-d2;
    _gcvt(result,10,c);
    m_result_edit=(LPCTSTR)c;
    UpdateData(FALSE);
}
void CMenu01Dlg::OnMul()
{
```

```
    char s1[10],s2[10],c[50];
    double d1,d2,result=0;
    m_data1_edit.GetWindowText(s1,10);
    m_data2_edit.GetWindowText(s2,10);
    d1=atof((LPCTSTR)s1);
    d2=atof((LPCTSTR)s2);
    result=d1 * d2;
    _gcvt(result,10,c);
    m_result_edit=(LPCTSTR)c;
    UpdateData(FALSE);
}
void CMenu01Dlg::OnDiv()
{
    char s1[10],s2[10],c[50];
    double d1,d2,result;
    m_data1_edit.GetWindowText(s1,10);
    m_data2_edit.GetWindowText(s2,10);
    d1=atof((LPCTSTR)s1);
    d2=atof((LPCTSTR)s2);
    if (d2!=0) result=d1/d2;
    else  OnOK();
    _gcvt(result,10,c);
    m_result_edit=(LPCTSTR)c;
    UpdateData(FALSE);
}
void CMenu01Dlg::OnClear()
{
    m_data1_edit.SetSel(0,-1);
    m_data1_edit.ReplaceSel("");
    m_data2_edit.SetSel(0,-1);
    m_data2_edit.ReplaceSel("");
    m_result_edit="";
    UpdateData(FALSE);
}
void CEdit01Dlg::OnExit()
{
    OnOK();
```

}

未加菜单的设计界面如图 14-2 所示。

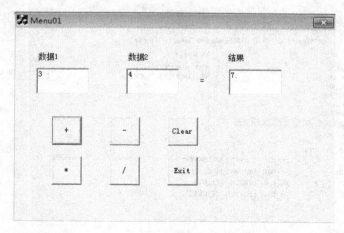

图 14-2 未加菜单的设计界面

(4)在资源视图页插入菜单 IDR_MENU1,增加的菜单项如图 14-3 所示。

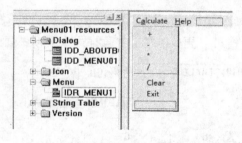

图 14-3 增加的菜单项

(5)把新建的菜单 IDR_MENU1 和前面完成的对话框派生类 CMenu01Dlg 连接在一起。

右击编辑状态的菜单,选择"建立类向导"进行连接,连接后在 Object IDs 列表框中增加菜单项的 ID,如图 14-4 所示。

(6)连接菜单 IDR_MENU1 和应用程序主窗口,如图 14-5 所示。

(7)给 7 个菜单项编写代码:

void CMenu01Dlg::OnAddMenu() {OnAdd();}

void CMenu01Dlg::OnSubMenu() {OnSub();}

void CMenu01Dlg::OnMulMenu() {OnMul();}

void CMenu01Dlg::OnDivMenu() {OnDiv();}

void CMenu01Dlg::OnClearMenu() {OnClear();}

void CMenu01Dlg::OnExitMenu() {OnExit();}

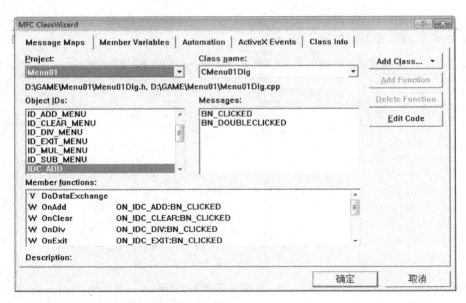

图 14-4　连接 IDR_MENU1 和 CMenu01Dlg 类

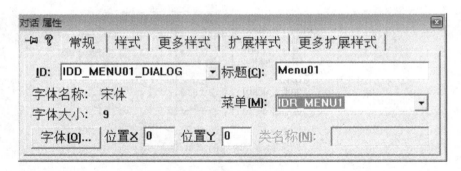

图 14-5　连接 IDR_MENU1 和应用程序主窗口

void CMenu01Dlg∷OnAboutMenu() {MessageBox("This is a calculate");}
//到此，已添加主菜单，可以运行测试。
(8)继续为对话框类添加 WM_CONTEXTMENU 消息处理函数的实现代码如下：
void CPopup01Dlg∷OnContextMenu(CWnd ＊pWnd，CPoint point)
{
CMenu menu；
menu. LoadMenu(IDR_MENU1)； //装载菜单资源
menu. GetSubMenu(0)—＞TrackPopupMenu(TPM_LEFTALIGN|TPM_LEFT
　BUTTON|TPM_RIGHTBUTTON,point. x,point. y,this)；
　　//在弹出点显示菜单

　　}//已添加主菜单和右键弹出式菜单

任务 2　创建一个带有弹出式菜单的对话框。

程序设计步骤如下：

（1）创建一个基于对话框的应用程序，工程名为 e62，删除对话框上默认添加的三个按钮控件。

（2）在资源视图中插入一个新的菜单资源，ID 为 IDR_MENU1。

（3）在对话框的头文件中声明一个 CMenu 类对象 m_Menu。

（4）在类视图对话框的 OnInitDialog() 中调用 LoadMenu 方法，加载菜单资源，将其关联到 CMenu 菜单类对象 m_Menu 上。代码如下：

m_Menu.LoadMenu(IDR_MENU1);

（5）在类视图对话框右击添加 WM_RBUTTONUP 消息处理函数 OnRButtonUp()。

（6）在对话框的源文件中添加消息处理函数 OnRButtonUp() 的实现代码如下：

```
void CE62Dlg::OnRButtonUp(UINT nFlags, CPoint point)
{
    CMenu * pMenu=m_Menu.GetSubMenu(0);  //获得菜单句柄
    CRect rect;                          //声明一个 CRect 对象
    ClientToScreen(&point);              //将客户坐标转换为屏幕坐标
    rect.top=point.x;                    //将鼠标当前横坐标作为弹出式菜单的左上角坐标
    rect.left=point.y;                   //将鼠标当前纵坐标作为弹出式菜单的左上角坐标
    pMenu->TrackPopupMenu(TPM_LEFTALIGN|TPM_LEFTBUTTON|TPM
    _VERTICAL,rect.top,rect.left,this,&rect);  //显示弹出式菜单
    CDialog::OnRButtonUp(nFlags, point);       //调用基类的方法
}
```

（7）在对话框的源文件中添加消息处理函数的实现代码如下：

```
void CE62Dlg::OnMenuadd()
{
    MessageBox("添加文件菜单被按下");  //弹出对话框
}
void CE62Dlg::OnMenudel()
{
    MessageBox("删除文件菜单被按下");  //弹出对话框
}
void CE62Dlg::OnMenuexit()
{
    MessageBox("退出文件菜单被按下");  //弹出对话框
}
void CE62Dlg::OnMenufind()
```

```
{
    MessageBox("查找文件菜单被按下");    //弹出对话框
}
void CE62Dlg::OnMenusave()
{
    MessageBox("保存文件菜单被按下");    //弹出对话框
}
```

程序运行结果。

任务3　动态创建一个菜单。

(1)创建一个基于对话框的应用程序,工程名为 e63,删除对话框上默认添加的三个按钮控件。

(2)在对话框的头文件中声明一个 CMenu 类对象 m_Menu。

(3)在文件视图中打开 Resource.h,定义菜单命令 ID:

```
#define ID_MENUA    1001
#define ID_MENUB    1002
#define ID_MENUC    1003
```

(4)在类视图对话框的 OnInitDialog() 方法中创建菜单,代码如下:

```
m_Menu CreateMenu();                  //动态创建菜单窗口
CMenu m_PopMenu;                      //定义菜单类对象
m_PopMenu.CreatePopupMenu();          //动态创建弹出式菜单窗口
m_Menu.AppendMenu(MF_POPUP,(UINT)m_PopMenu.m_hMenu,"水果");
                                      //插入菜单
m_PopMenu.AppendMenu(MF_STRING,ID_MENUA,"苹果");    //插入子菜单
m_PopMenu.AppendMenu(MF_STRING,ID_MENUB,"香蕉");
m_PopMenu.AppendMenu(MF_STRING,ID_MENUC,"黄桃");
m_PopMenu.InsertMenu(2,MF_BYPOSITION|MF_POPUP|MF_STRING,
(UINT) m_Menu.GetSubMenu(0)->m_hMenu,"火龙果");
                                      //添加有下级子菜单的子菜单
CPoint pt;
GetCursorPos(&pt);
m_PopMenu.TrackPopupMenu(TPM_RIGHTBUTTON, pt.x, pt.y, this);
//m_PopMenu.DestroyMenu();
m_Menu.AppendMenu(MF_POPUP,-1,"花卉");    //插入兄弟级菜单
m_PopMenu.Detach();    //分离菜单句柄
SetMenu(&m_Menu);    //将菜单和窗口进行关联
```

(5)在对话框的头文件中声明菜单的消息处理函数,代码如下:

```
protected:
```

　　afx_msg void OnMenua();

　　afx_msg void OnMenub();

　　afx_msg void OnMenuc();

　　(6)在对话框的源文件中添加菜单的消息映射宏,将菜单命令 ID 关联到消息处理函数中,代码如下:

BEGIN_MESSAGE_MAP(CE63Dlg, CDialog)

//{{AFX_MSG_MAP(CE491Dlg)

...

ON_COMMAND(ID_MENUA,OnMenua)

ON_COMMAND(ID_MENUB,OnMenub)

ON_COMMAND(ID_MENUC,OnMenuc)

//}}AFX_MSG_MAP

END_MESSAGE_MAP()

　　(7)在对话框的源文件中添加消息处理函数的实现代码如下:

void CE63Dlg::OnMenua()

{MessageBox("苹果菜单被按下");}　　　　//弹出对话框

void CE63Dlg::OnMenub()

{MessageBox("香蕉菜单被按下");}　　　　//弹出对话框

void CE63Dlg::OnMenuc()

{MessageBox("黄桃菜单被按下");}　　　　//弹出对话框

实验 15　工具栏的应用

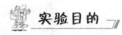 **实验目的**

(1) 掌握工具栏资源的创建、加载及消息处理函数的添加及使用。
(2) 学习使用 CToolBar 类的主要方法。
(3) 掌握动态创建工具栏的 3 种方法。
(4) 设置工具栏按钮提示。
(5) 设计 XP 风格美化工具栏。

实验内容

任务 1　调用 LoadBitmap 加载位图创建工具栏。

程序设计步骤如下：

(1)创建一个基于对话框的应用程序，工程名为 e72，删除对话框中默认添加的三个按钮控件，修改 Caption 属性为"动态创建工具栏"。

(2)选择资源视图，导入一个 16 色的工具栏位图，如图 15-1 所示。

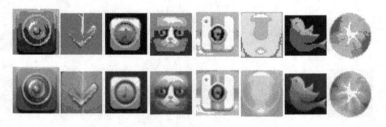

图 15-1　工具栏 16 色与 256 色位图

(3)在对话框的头文件中声明一个 CToolBar 类对象 m_ToolBar，代码如下：
CToolBar m_ToolBar;

(4)在对话框的 OnInitDialog() 函数中加载位图，创建工具栏，代码如下：
BOOL CE72Dlg∷OnInitDialog()
{
　…
　UINT array[10];

```
for(int i=0;i<10;i++)
{
    if(i= =3 || i= =7)
        array[i] = ID_SEPARATOR; //第 4 个和第 8 个按钮为分隔条
    else
        array[i] = i+1001;            //设置工具栏按钮 ID 从 1001 开始
}
m_ToolBar. Create(this);       //创建工具栏窗口
m_ToolBar. SetButtons(array,10); //设置工具栏按钮索引
m_ToolBar. LoadBitmap(IDB_BITMAP1); //加载位图
m_ToolBar. SetSizes(CSize(40,40),CSize(32,32)); //设置按钮和位图大小
RepositionBars(AFX_IDW_CONTROLBAR_FIRST,AFX_IDW_CONTROL-
BAR_LAST,0);
//显示工具栏
return TRUE;
}
```

(5)在对话框的头文件中声明这 8 个工具栏按钮的单击事件处理函数。

```
//{{AFX_MSG(CE72Dlg)
...
afx_msg void OnMyNew();        //新建
afx_msg void OnMyOpen();       //打开
afx_msg void OnMySave();       //保存
afx_msg void OnMyCut();        //剪切
afx_msg void OnMyCopy();       //复制
afx_msg void OnMyPaste();      //粘贴
afx_msg void OnMyPrint();      //打印
afx_msg void OnMyHelp();       //帮助
//}}AFX_MSG
```

(6)在对话框的源文件中添加这 8 个工具栏按钮的消息映射宏。

```
BEGIN_MESSAGE_MAP(CE72,CDialog)
//{{AFX_MSG_MAP(CE72Dlg)
...
ON_COMMAND(1001,OnMyNew)       //新建
ON_COMMAND(1002,OnMyOpen)      //打开
ON_COMMAND(1003,OnMySave)      //保存
ON_COMMAND(1005,OnMyCut)       //剪切
ON_COMMAND(1006,OnMyCopy)      //复制
```

```
ON_COMMAND(1007,OnMyPaste)          //粘贴
ON_COMMAND(1009,OnMyPrint)          //打印
ON_COMMAND(1010,OnMyHelp)           //帮助
//}}}AFX_MSG_MAP
END_MESSAGE_MAP()
```

（7）在对话框的源文件中添加这 8 个工具栏按钮的单击事件处理函数。

```
void CE72Dlg::OnMyNew(){MessageBox("你单击了新建的工具栏按钮");}
void CE72Dlg::OnMyOpen(){MessageBox("你单击了打开的工具栏按钮");}
void CE72Dlg::OnMySave(){MessageBox("你单击了保存的工具栏按钮");}
void CE72Dlg::OnMyCut(){MessageBox("你单击了剪切的工具栏按钮");}
void CE72Dlg::OnMyCopy(){MessageBox("你单击了复制的工具栏按钮");}
void CE72Dlg::OnMyPaste(){MessageBox("你单击了粘贴的工具栏按钮");}
void CE72Dlg::OnMyPrint(){MessageBox("你单击了打印的工具栏按钮");}
void CE72Dlg::OnMyHelp(){MessageBox("你单击了帮助的工具栏按钮");}
```

任务 2   使用图像列表创建图标工具栏。

程序设计步骤如下：

（1）创建一个基于对话框的应用程序，工程名为 e73，删除对话框上默认添加的三个按钮控件。

（2）向对话框中添加一个按钮控件，并向工程中导入 8 个工具栏按钮图标（.ico）。

（3）在对话框头文件中声明一个 CToolBar 类对象 m_ToolBar 和一个图像列表对象 m_ImageList，代码如下：

```
CToolBar m_ToolBar;
CImageList m_ImageList;
```

（4）处理"创建工具栏"按钮的单击事件，加载图标，关联图像列表，创建工具栏，代码如下：

```
void CE73Dlg::OnButton1()
{
    m_ImageList.Create(32,32,ILC_COLOR24|ILC_MASK,1,1);
                                        //创建图像列表
    m_ImageList.Add(AfxGetApp()->LoadIcon(IDI_ICON1));
                                        //向图像列表中添加图标
    m_ImageList.Add(AfxGetApp()->LoadIcon(IDI_ICON2));
    m_ImageList.Add(AfxGetApp()->LoadIcon(IDI_ICON3));
    m_ImageList.Add(AfxGetApp()->LoadIcon(IDI_ICON4));
    m_ImageList.Add(AfxGetApp()->LoadIcon(IDI_ICON5));
    m_ImageList.Add(AfxGetApp()->LoadIcon(IDI_ICON6));
    m_ImageList.Add(AfxGetApp()->LoadIcon(IDI_ICON7));
    m_ImageList.Add(AfxGetApp()->LoadIcon(IDI_ICON8));
```

```
UINT array[10];
for(int i=0;i<10;i++)
{
  if(i==3||i==7)   array[i]=ID_SEPARATOR;
                                    //第 4 个和第 8 个按钮为分隔条
  else array[i] = i+1001;
}
m_ToolBar.Create(this);                //创建工具栏窗口
m_ToolBar.SetButtons(array,10);        //设置工具栏按钮的索引
m_ToolBar.GetToolBarCtrl().SetImageList(&m_ImageList);//关联图像列表
m_ToolBar.SetSizes(CSize(40,40),CSize(32,32));
                                    //设置工具栏按钮和显示图标的大小
RepositionBars(AFX_IDW_CONTROLBAR_FIRST,AFX_IDW_CONTROL-
BAR_LAST,0);
//显示工具栏
}
```

任务 3　创建动态工具栏并设置工具栏按钮提示。

程序设计步骤如下：

(1)创建一个基于对话框的应用程序,工程名为 e75,删除对话框上默认添加的三个按钮控件。

(2)导入 8 个图标资源,资源 ID 分别为 IDI_ICN1,IDI_ICON2,…,IDI_ICON8。

(3)在对话框头文件中声明变量,代码如下：

```
CToolBar m_ToolBar;
CImageList m_ImageList;
CString m_TipText;
```

(4)在主对话框的初始化函数 OnInitDialog 中添加代码如下：

```
BOOL CE75Dlg::OnInitDialog()
{
...
m_ImageList.Create(32,32,ILC_COLOR24|ILC_MASK,1,1);//创建图像列表
m_ImageList.Add(AfxGetApp()->LoadIcon(IDI_ICON1));
                                    //向图像列表中添加图标
m_ImageList.Add(AfxGetApp()->LoadIcon(IDI_ICON2));
m_ImageList.Add(AfxGetApp()->LoadIcon(IDI_ICON3));
m_ImageList.Add(AfxGetApp()->LoadIcon(IDI_ICON4));
m_ImageList.Add(AfxGetApp()->LoadIcon(IDI_ICON5));
m_ImageList.Add(AfxGetApp()->LoadIcon(IDI_ICON6));
```

```
m_ImageList. Add(AfxGetApp()->LoadIcon(IDI_ICON7));
m_ImageList. Add(AfxGetApp()->LoadIcon(IDI_ICON8));
UINT array[10];
for(int i=0;i<10;i++)
{
    if(i==3 || i==7)  array[i]=ID_SEPARATOR;//第4个和第8个按钮为分隔条
    else   array[i] = i+1001;
}
m_ToolBar. Create(this);
m_ToolBar. SetButtons(array,10);
m_ToolBar. SetButtonText(0,"新建");
m_ToolBar. SetButtonText(1,"打开");
m_ToolBar. SetButtonText(2,"保存");
m_ToolBar. SetButtonText(4,"剪切");
m_ToolBar. SetButtonText(5,"复制");
m_ToolBar. SetButtonText(6,"粘贴");
m_ToolBar. SetButtonText(8,"打印");
m_ToolBar. SetButtonText(9,"帮助");
m_ToolBar. GetToolBarCtrl(). SetImageList(&m_ImageList);//关联图像列表
m_ToolBar. SetSizes(CSize(40,50),CSize(32,32));//设置按钮和图标的大小
m_ToolBar. EnableToolTips(TRUE);   //激活工具栏的提示功能
RepositionBars(AFX_IDW_CONTROLBAR_FIRST,AFX_IDW_CONTROL-
BAR_LAST,0);
return TRUE;
}
```

(5)在对话框头文件中声明 OnToolTipNotify 函数,代码如下:

```
afx_msg BOOL OnToolTipNotify(UINT id, NMHDR * pNMHDR, LRESULT * pResult);
```

(6)在对话框的源文件中添加 ON_NOTIFY_EX 映射宏,代码如下:

```
ON_NOTIFY_EX(TTN_NEEDTEXT, 0, OnToolTipNotify)
```

(7)添加消息处理函数 OnToolTipNotify 的实现部分,代码如下:

```
BOOL CE75Dlg::OnToolTipNotify(UINT id, NMHDR * pNMHDR, LRESULT
* pResult)
{
    TOOLTIPTEXT * pTTT = (TOOLTIPTEXT *)pNMHDR;
    UINT nID = pNMHDR->idFrom;//获取工具栏按钮 ID
    if(nID)
    {
```

```
UINT nIndex＝m_ToolBar.CommandToIndex(nID);//根据 ID 获取按钮索引
if(nIndex != －1)
    m_ToolBar.GetButtonText(nIndex,m_TipText);//获取工具栏文本
    pTTT－>lpszText = m_TipText.GetBuffer(m_TipText.GetLength());
    //设置提示信息文本
    pTTT－>hinst = AfxGetResourceHandle();
    return TRUE;
    }
    return FALSE;
}
```

任务 4　设计 XP 风格工具栏。

程序设计步骤如下：

第 1 步：创建一个基于对话框的应用程序，工程名为 e76b，设置对话框的 Caption 属性为"e76b 设计 XP 风格工具栏"。

第 2 步到第 7 步同任务 3，创建了带提示的 VC6 风格工具栏。

VC6 风格工具栏转 XP 风格工具栏有以下两种实现方法。

(1)方法 1 程序步骤如下：

①打开工程 e76b，找到 ResourceView 资源视图，然后在视图中的树的根结点上点击鼠标右键，选择菜单"插入(Insert)"。

②在弹出的"插入资源(Insert Resource)"对话框中选择"自定义 Custom"，在"新对话框(New Custom Resource)"输入框中输入 24(manifest 的类型是 24)，点击"OK"按钮。

③在资源视图的树上选择 24 下方的条目"DDR_DEFAULT1"并点击右键，选择"Properties"，将"ID:"修改为"1"。

④双击刚才修改的"1"条目，然后在右方的编辑器窗口中输入下面的代码。

```xml
<? xml version="1.0" encoding="UTF－8" standalone="yes"? >
<assembly xmlns="urn:schemas-microsoft-com:asm.v1" manifestVersion="1.0">
<assemblyIdentity
name="XP style manifest"
processorArchitecture="x86"
version="1.0.0.0"
type="win32"/>
<dependency>
<dependentAssembly>
<assemblyIdentity
type="win32"
name="Microsoft.Windows.Common－Controls"
version="6.0.0.0"
```

```
processorArchitecture="x86"
publicKeyToken="6595b64144ccf1df"
language=" * "
/>
</dependentAssembly>
</dependency>
</assembly>
```

⑤保存工程,重新编译。

(2)方法 2 程序步骤如下:

①打开工程目录 e76b,在 res 文件夹中新建一个文本文件,然后保存为 xpstyle. manifest(其实是一个 XML 文件),代码如下:

```
<? xml version="1.0" encoding="UTF-8" standalone="yes"? >
<assembly xmlns="urn:schemas-microsoft-com:asm. v1" manifestVersion="1.0">
<assemblyIdentity
name="XP style manifest"
processorArchitecture="x86"
version="1. 0. 0. 0"
type="win32"/>
<dependency>
<dependentAssembly>
<assemblyIdentity
type="win32"
name="Microsoft. Windows. Common-Controls"
version="6. 0. 0. 0"
processorArchitecture="x86"
publicKeyToken="6595b64144ccf1df"
language=" * "
/>
</dependentAssembly>
</dependency>
</assembly>
```

②为了把 manifest 文件整合到资源文件中,用记事本或写字板打开工程目录下 e76b 的资源文件(. rc2),在文件最后加上一行:

```
1 24 "res//xpstyle. manifest"
//"1"代表资源 ID,必须是"1"
// "24"代表资源类型 RT_MANIFEST
//双引号内为保存 xpstyle. manifest 文件的相对路径
```

实验 16　状态栏的应用

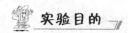

实验目的

(1)了解状态栏的使用步骤。

(2)学习使用 CStatusBar 类的主要成员函数。

(3)掌握动态创建状态栏的方法。

(4)学会在状态栏中显示控件。

(5)给状态栏添加时间窗格。

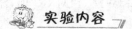

实验内容

任务 1　给状态栏添加时间窗格，设计效果：程序在运行中会在状态栏显示系统时间，鼠标位置及"Insert"按键是否被按下等状态，如图 16-1 所示。

图 16-1　定制状态栏的设计效果

程序设计步骤如下：

(1)创建一个 Single Document 应用程序，工程名为 e84s，设置窗口标题 Caption 为"显示时间窗格的状态栏"。

操作：在工作区中选择 Resource View 标签，转到资源编辑窗口，双击"String Table"打开串表资源的编辑器，选择 IDR_MAINFRAME，修改其标题字符串为"显示时间窗格的状态栏\n\nE84s\n\n\nE84s. Document\nE84s Document"。

(2)添加字符串。双击"String Table"打开串表资源的编辑器,双击最下面的空白项或选择某个串后按"Insert"键,在"ID"框中输入串标识符,在"Caption"框内输入标题,串值为系统自动设定。添加字符串后的界面,如图 16-2 所示。

ID	值	标题
AFX_IDS_SCRESTORE	61202	把窗口恢复到正常大小
AFX_IDS_SCTASKLIST	61203	激活任务表
AFX_IDS_PREVIEW_CLOS	61445	关闭打印预览模式\n取消预阅
ID_INDICATOR_INSERT	61446	插入
ID_INDICATOR_TIME	61447	00:00:00
ID_INDICATOR_MOUSE	61448	x,y

图 16-2　添加字符串后的串表资源

(3)添加响应消息。

第 1 步:打开"MFC ClassWizard"对话框,选择"Member Maps"选项卡。

第 2 步:在"Project"中选择工程名"e84s",在"Class name"栏中选择"CMainFrame",在"Object IDs"栏中选择"CMainFrame",在"Messages"栏中双击"WM_TIMER"项,添加命令处理函数 OnTimer,单击"OK"按钮。

第 3 步:再添加另一个消息,"Class name"栏中选择"CE84s View",在"Object IDs"栏中选择"CE84s View",在"Messages"栏中双击"WM_MOUSEMOVE"项,添加命令处理函数 OnMouseMove,单击"OK"按钮。

(4)添加成员变量。

为类 CMainFrame 添加一个成员变量,在工作区中选择 Class View 标签,转到类编辑窗口,在类 CMainFrame 上单击鼠标右键选择"Add Member Variable"命令,添加成员变量:类型为 bool,Name 为 m_bIns,访问控制权限选择 protected,如图 16-3 所示。

图 16-3　添加成员变量

(5)修改状态栏 indicators 静态数组的代码。

在 MainFrm. cpp 文件中修改状态栏 indicators 静态数组,其代码如下:

```
// status line indicator
static UINT indicators[] =
{
    ID_SEPARATOR,
```

```
    ID_INDICATOR_MOUSE,
    ID_INDICATOR_CAPS,
    ID_INDICATOR_NUM,
    ID_INDICATOR_SCRL,
    ID_INDICATOR_INSERT,
    ID_INDICATOR_TIME
};
```

对 indicators 静态数组的修改直接对状态栏的构成产生影响,本例添加了显示鼠标位置、"Insert"键状态指示器和系统时间指示器,它们在数组中的位置也就是它们在状态栏中的位置。

(6)手工添加状态栏对 Insert 键状态改变的更新命令 UI 消息。

在 MainFrm. h 文件的 CMainFrame 类定义中添加消息映射处理函数的原型,其代码如下:

```
class CMainFrame : public CFrameWnd
{
    …
    protected:
    bool m_bIns;
    //{{AFX_MSG(CMainFrame)
    afx_msg int OnCreate(LPCREATESTRUCT lpCreateStruct);
    afx_msg void OnTimer(UINT nIDEvent);
    //}}AFX_MSG
    afx_msg void OnUpdateKeyInsert(CCmdUI * pCmdUI);
    //手工添加消息映射处理函数原型
    DECLARE_MESSAGE_MAP()
};
```

(7)手工添加响应"Insert"键的消息映射。

在 CMainFrame 类实现文件 MainFrm. cpp 的消息映射中添加响应"Insert"键的消息映射,其代码如下:

```
BEGIN_MESSAGE_MAP(CMainFrame, CFrameWnd)
//{{AFX_MSG_MAP(CMainFrame)
ON_WM_CREATE()
ON_WM_TIMER()
//}}AFX_MSG_MAP
ON_UPDATE_COMMAND_UI(ID_INDICATOR_INSERT,OnUpdateKeyInsert)
            //手工添加响应"Insert"键的消息映射
            //映射的对象为状态栏的 ID_ INDICATOR_INSERT 所对应的窗格
```

END_MESSAGE_MAP()

(8) 添加消息处理函数 OnUpdateKeyInsert 的定义。

在 MainFrm.cpp 文件中添加消息处理函数 OnUpdateKeyInsert 的定义,代码如下:

```
void CMainFrame::OnUpdateKeyInsert(CCmdUI * pCmdUI)
{
    if(::GetKeyState(VK_INSERT)<0)   //判断 Insert 键是否被按下
    {
        m_bIns=!m_bIns;
        pCmdUI->Enable(m_bIns);       //设置状态栏的对应窗格可见
    }
}
```

这段代码,添加了对 ID_INDICATOR_INSERT 窗格的 ON_UPDATE_COMMAND_UI 消息的映射处理,使得"Insert"键的状态可以通过自制的更新命令 UI 在状态中显示出来。

(9)在 CMainFrame 类的 OnCreate()函数中添加如下代码:

```
int CMainFrame::OnCreate(LPCREATESTRUCT lpCreateStruct)
{
    ...
    m_wndStatusBar.SetPaneInfo(0,0,SBPS_POPOUT,200);
                                     //设置面板宽度 200
    m_wndStatusBar.SetPaneInfo(1,ID_INDICATOR_MOUSE,SBPS_STRETCH,
    70);
    SetTimer(1,1000,NULL);
    m_bIns=TRUE;
    return 0;
}
```

这段代码设置了状态栏前两个窗格的风格和宽度,第一个被设置为凸出状态,宽度为200,第二个窗格被设置为可变宽度,宽度最小为70。

(10)为 CMainFrame 类的 OnTimer()函数添加如下代码:

```
void CMainFrame::OnTimer(UINT nIDEvent)
{
    CTime tmCurr;
    CString strTime;
    tmCurr=CTime::GetCurrentTime();   //获取系统当前时间
    strTime= tmCurr.Format("%H:%M:%S");
                                     //将时间格式化后赋给字符串 strTime
    m_wndStatusBar.SetPaneText(m_wndStatusBar.CommandToIndex(ID_INDI-
```

CATOR_TIME),strTime);

　　//将字符串 strTime 显示到 ID_INDICATOR_TIME 所指示的窗格中

　　//CStatusBar 成员函数 CommandToIndex()用于获取特定指示器 ID 的索引值。

　　CFrameWnd::OnTimer(nIDEvent);

}

(11)添加或修改鼠标位置显示部分的代码。

由于鼠标在窗口中的移动是由视图类来处理的,要修改主框架的状态栏就必须要让成员能被视图类成员访问。

首先,在 MainFrm.h 中,将 CMainFrame 类的状态栏对象 m_wndStatusBar 由 protected 改为 public,其代码如下:

```
class CMainFrame : public CFrameWnd
{
…
public:
    CStatusBar m_wndStatusBar;
virtual ~CMainFrame();
#ifdef _DEBUG
virtual void AssertValid() const;
virtual void Dump(CDumpContext& dc) const;
#endif
protected: // control bar embedded members
//CStatusBar m_wndStatusBar;
CToolBar m_wndToolBar;
…
}
```

然后,在视图类 CE84sView 的实现文件头部将 CMainFrame 类包含进来,在 e84sView.cpp 文件最前面 #include "stdafx.h" 后添加如下代码:

　　#include "MainFrm.h" 　　//注意添加位置

最后,在视图类 CE84sView 的 OnMouseMove()函数中添加如下代码:

```
void CE84sView::OnMouseMove(UINT nFlags, CPoint point)
{
// TODO:Add your message handler code here and/or call default
CString strMouse;
CMainFrame * pFrm=(CMainFrame *)(AfxGetApp()->m_pMainWnd);
//取得主框架窗口对象指针
CStatusBar * pStatus=&pFrm->m_wndStatusBar;//取得状态栏对象指针
if (pStatus)
```

```
        {
            strMouse. Format("X=%d,Y=%d",point. x,point. y);
            pStatus->SetPaneText(1,strMouse);    //设置状态栏索引为 1 的窗格文本
        }
        CView::OnMouseMove(nFlags, point);
}
```

实验 17　图像处理

实验目的

（1）学会使用 BitBlt 位图拷贝函数、StretchBlt 拉伸位图函数、LoadImage 加载图像函数和 TransparentBlt 函数。

（2）了解并学习使用常用的 15 种光栅操作代码。

（3）认识最基本的图形文件结构"BMP"，了解位图阵列表。

（4）学会显示 24 位真彩色 BMP 图像，JPEG/GIF 图像。

（5）学会制作透明显示位图。

实验内容

任务 1　在设备上下文中使用 StretchBlt 拉伸位图填充目标区域。

（1）创建一个单文档应用程序，工程名为 e91。

（2）添加 1 个 Bitmap 类型的资源，ID 为 IDB_BITMAP1。

（3）在视图类的 OnDraw 方法中，添加代码如下：

```
void CE91View::OnDraw(CDC * pDC)
{
    CE91Doc * pDoc=GetDocument();
    ASSERT_VALID(pDoc);
    CDC memDC;                              //定义一个设备上下文
    memDC.CreateCompatibleDC(pDC);         //创建兼容的设备上下文
    CBitmap bmp;                            //定义位图对象
    bmp.LoadBitmap(IDB_BITMAP1);           //读取位图资源
    memDC.SelectObject(&bmp);              //选中位图对象
    pDC->BitBlt(30,20, 180, 180,&memDC,1,1, SRCCOPY);
                                           //8 个参数,绘制位图
    CRect rc(30,20,210,200);
    CBrush brush(RGB(255,0,0));
    pDC->FrameRect(rc,&brush);             //绘制矩形边框
    rc.OffsetRect(220,0);                  //移动区域
    BITMAP BitInfo;
```

```
bmp. GetBitmap(&BitInfo);                    //获取位图信息
int x=BitInfo. bmWidth;
int y=BitInfo. bmHeight;
pDC->StretchBlt(rc. left, rc. top, rc. Width(), rc. Height(),&memDC,0,0,
x,y,SRCCOPY);                                //10 个参数,拉伸位图填充目标区域
pDC->FrameRect(rc,&brush);            //绘制矩形边框
brush. DeleteObject();
memDC. DeleteDC();
bmp. DeleteObject();
}
```

程序运行结果:_____。

任务 2 从磁盘中加载位图到窗口中。

(1)创建一个单文档应用程序,工程名为 e92。

(2)在视图类的 OnDraw 方法中绘制位图,添加代码如下:

```
void CE92View::OnDraw(CDC * pDC)
{
    CE92Doc * pDoc=GetDocument();
    ASSERT_VALID(pDoc);
    HBITMAP m_hBmp;
    m_hBmp=(HBITMAP)LoadImage(NULL,"res\demo. bmp",IMAGE_BITMAP,
    0,0,LR_LOADFROMFILE);
    CBitmap bmp;                              //定义位图对象
    bmp. Attach(m_hBmp);                      //将位图关联到位图句柄上
    CDC memDC;                                //定义一个设备上下文
    memDC. CreateCompatibleDC(pDC);           //创建兼容的设备上下文
    memDC. SelectObject(&bmp);                //选中位图对象
    BITMAP BitInfo;
    bmp. GetBitmap(&BitInfo);                 //获取位图信息
    int x=BitInfo. bmWidth;
    int y=BitInfo. bmHeight;
    pDC->BitBlt(0, 0, x, y,&memDC,0,0,SRCCOPY);  //8 个参数
    bmp. Detach();
    memDC. DeleteDC();
}
```

程序运行结果:_____。

任务 3 使用 StretchDIBits 根据数据流绘制 24 位真彩色 BMP 图像。

(1)创建一个单文档应用程序,工程名为 e95。

（2）在视图类中定义一个缓冲区 Buffer，用于存储数据流。

char ＊ m_pBmpData；　//定义一个缓冲区

（3）在视图类的构造函数中读取位图文件到数据流中，代码如下：

```
CE95View::CE95View()
{
    CFile file;                                //定义一个文件对象
    file. Open("Res\demo. bmp",CFile::modeReadWrite);      //打开文件
    int len＝file. GetLength();                 //获取文件长度
    file. Seek(14,CFile::begin);               //略过位图文件头 14 字节
    m_pBmpData＝new char[len－14];              //为缓冲区分配空间
    file. Read(m_pBmpData,len－14);             //读取文件数据到缓冲区
    file. Close();       //关闭文件
}
```

（4）在视图类的析构函数中释放缓冲区，代码如下：

delete[]m_pBmpData；　　//释放缓冲区

（5）向视图类中添加一个成员函数，根据数据流输出图像。代码如下：

```
void COutputStreamView::OutputStream(char ＊ pStream)
{
    char ＊ pHeader＝pStream;       //定义一个临时缓冲区
    BITMAPINFOBitInfo;            //定义位图信息对象
    memset(&BitInfo,0,sizeof(BITMAPINFO));        //初始化位图信息对象
    memcpy(&BitInfo,pHeader,sizeof(BITMAPINFO));   //为位图信息对象赋值
    intx＝BitInfo. bmiHeader. biWidth;      //指向位图宽度
    inty＝BitInfo. bmiHeader. biHeight;     //指向位图高度
    pHeader＋＝40;       //指向位图数据
    //输出位图信息
    StretchDIBits(GetDC()－＞m_hDC,0,0,x,y,0,0,x,y,pHeader,&BitInfo,
    DIB_RGB_COLORS,SRCCOPY);
}
```

（6）在 View 类的 OnDraw 方法中调用 OutputStream 方法绘制图像，添加代码如下：

```
void CE95View::OnDraw(CDC ＊ pDC)
{
    CE95Doc ＊ pDoc＝GetDocument();
    ASSERT_VALID(pDoc);
    OutputStream(m_pBmpData);//调用 OutputStream 方法输出位图
}
```

任务 4 通过 Ipicture 接口绘制 JPEG/GIF 图像。

(1)创建一个单文档应用程序,工程名为 e96。

(2)在视图类中添加成员变量,代码如下:

```
IStream * m_pStream;          //定义流对象
IPicture * m_pPicture;        //定义接口对象
OLE_XSIZE_HIMETRIC m_JPGWidth;        //图像宽度
OLE_XSIZE_HIMETRIC m_JPGHeight;       //图像高度
HGLOBAL hMem;        //堆句柄
```

(3)在 View 类的构造函数中从磁盘中加载 JPEG 图像到流中,代码如下:

```
CE96View::CE96View()
{
    CFile file;       //定义一个文件对象
    file. Open("Res\dog. jpg",CFile::modeReadWrite);       //打开文件
    DWORD len=file. GetLength();       //获取文件长度
    hMem = GlobalAlloc(GMEM_MOVEABLE,len);       //在堆中分配内存
    LPVOID pData = NULL;       //定义一个指针对象
    pData=GlobalLock(hMem);       //锁定内存区域
    file. ReadHuge(pData,len);       //读取图像数据到堆中
    file. Close();
    GlobalUnlock(hMem);
    CreateStreamOnHGlobal(hMem,TRUE,&m_pStream);       //在堆中创建流
    OleLoadPicture(m_pStream,len,TRUE,IID_IPicture,
    (LPVOID * )&m_pPicture);
    m_pPicture->get_Height(&m_JPGHeight);
    m_pPicture->get_Width(&m_JPGWidth);
}
```

(4)在 View 类的 OnDraw 方法中绘制 JPEG 图像,添加代码如下:

```
void CE96View::OnDraw(CDC * pDC)
{
    CE96Doc * pDoc=GetDocument();
    ASSERT_VALID(pDoc);
    //绘制 JPEG 图像
    m_pPicture->Render(pDC->m_hDC,0,0,(int)(m_JPGWidth/26. 45),
    (int)(m_JPGHeight/26. 45),0,m_JPGHeight,m_JPGWidth,m_JPGHeight,
    NULL);
}
```

任务 5　透明显示位图。

(1)创建一个基于对话框的 MFC 工程 e101,保留默认添加的"确定"控件。

(2)添加两个 Bitmap 类型的资源,ID 分别为 IDB_BITMAP1,IDB_BITMAP2,如图 17-1 所示。

图 17-1　设置透明显示前的位图效果

(3)添加库文件。可以选择 Project|Settings|Link|General,在 Object/library mod-ules 中加入 Msimg32. lib,也可以在源程序开始处添加以下两行代码:

＃include "wingdi. h"

＃pragma comment(lib,"Msimg32. lib")

(4)在对话框的 OnPaint()中添加以下代码:

```
else
{
    CPaintDC dc(this); // device context for painting
    CBitmap BackBMP;
    BackBMP. LoadBitmap(IDB_BITMAP1);
    BITMAP bm;
    BackBMP. GetBitmap(&bm);
    CDC ImageDC;
    ImageDC. CreateCompatibleDC(&dc);
    CBitmap * pOldImageBMP = ImageDC. SelectObject(&BackBMP);
    dc. StretchBlt(0,0,bm. bmWidth,bm. bmHeight,&ImageDC,0,0,bm. bmWidth,
    bm. bmHeight,SRCCOPY);    //绘制底图
    ImageDC. SelectObject(pOldImageBMP);
```

(5)在底图上绘制透明图像,继续在对话框的 OnPaint()中添加以下代码,设置透明显示后的位图效果,如图 17-2 所示。

```
CBitmap ForeBMP;
ForeBMP.LoadBitmap(IDB_BITMAP2);//读取位图资源
ForeBMP.GetBitmap(&bm);
pOldImageBMP = ImageDC.SelectObject(&ForeBMP);
TransparentBlt(dc.GetSafeHdc(),0,0,bm.bmWidth,bm.bmHeight,
ImageDC.GetSafeHdc(),0,0,bm.bmWidth,bm.bmHeight,
RGB(0xff,0xff,0xff));
ImageDC.SelectObject(pOldImageBMP);
CDialog::OnPaint();
}
```

图 17-2　设置透明显示后的位图效果

实验 18　游戏角色动画实现

　实验目的

(1)学会使用 BitBlt 位图拷贝函数,LoadImage 加载图像函数和 TransparentBlt 函数。

(2)了解并学习建立时钟消息产生动画。

(3)熟悉制作透明显示位图。

(4)学会刷屏实现方法。

　实验内容

任务 1　制作一个动画,要求完成加载游戏角色、建立时钟消息产生动画、透明显示位图和屏幕刷新,如图 18-1 所示。

图 18-1　在背景图片上加载角色动画效果(透明显示位图)

实验步骤如下:

(1)新建基于对话框的工程 mygame18,保留默认添加的"确定"和"取消"按钮。添加一个编辑框 IDC_EDIT1。

（2）建立时钟消息。

在工作区的类视图下右击对话框类添加 Windows Message Handler，选择 WM_TIMER 消息，建立时钟消息函数 OnTimer()。

```
void CMygame18Dlg::OnTimer(UINT nIDEvent)
{
    CClientDCdc(this);
    if (getpic("ball",p)==FALSE)        //调入角色图片
    {
        AfxMessageBox(cc+" is not found!");
        return;
    }
    SelectObject(MemDC,bit);        //设备相关位图关联到暂存设备场景
    BitBlt(dc.m_hDC,20,20,w,h,MemDC,0,0,SRCCOPY);
            //将 MemDC 的图形显示在屏幕上
    p++;    //下一张图片,表示角色的下一个动作
    if(p>m1)   p=m0;            //循环重复动作
    CDialog::OnTimer(nIDEvent);
}
```

当执行命令 SetTimer(1,150,NULL)设置计时器，在程序运行期间每隔150毫秒，时钟消息函数 OnTimer()中的程序会执行一次。

（3）在对话框源文件 mygame18Dlg.cpp 的开始处中定义以下全局变量和全局函数：

```
#include "wingdi.h"
#pragma comment(lib,"Msimg32.lib")
HBITMAP bit;            //设备相关位图 bit
HDC MemDC;            //暂存设备场景
HDC DCBak;
intw,h;            //图形大小,全局变量 w,h
CStringdir;            //定义路径变量
CString cc;            //公用变量
char appdir[256];            //当前目录
CRectrect;            //定义窗口尺寸变量
int m0;            //动画初值
int m1;            //动画终值
int p;            //当前图形序号
BOOL loadbmp(CString cc);            //调入 BMP 图片
BOOL getpic(CStringcc,int p);            //调入变化文件名的 BMP 图片到相关位图
```

（4）让角色产生动画。

在时钟消息函数 OnTimer()中写上显示图形的程序,图形就可以快速变化。产生动画的要求是用图形文件名的连续变化对应图形的连续变化。

①变化的文件名。

图 18-2 角色图片

假设图 18-2 所示的 6 张角色图片 b00. bmp 至 b05. bmp 存放的路径为"D:\GAME\ownlsf\bmp\ball",则程序中统一设置图形的文件名为

```
sprintf(cc,"cc. Format("D:\GAME\ ownlsf\bmp\ball\b%02d. bmp",p)
```

②调入图片到相关位图。

在对话框源文件 mygame18Dlg. cpp 中,添加 getpic 函数的定义。

```
BOOL getpic(CStringcc,int p)//在对话框的源程序定义
{
    char name[256];
    //SetCurrentDirectory(appdir);        //置当前目录
    sprintf(name,"%s%s//b%02d. bmp" ,dir,cc,p);//生成要调用的图形文件名
    loadbmp(name);              //调用 BMP 图片
    return TRUE;
}
```

③在对话框源文件 mygame18Dlg. cpp 开始处,添加调入 BMP 图片的图形函数 load-bmp(CString cc)的定义。

```
BOOL loadbmp(CString cc) //调入 BMP 图片,在对话框的源程序中定义
{
    DeleteObject(bit);        //删除上次的设备相关位图,释放上次的位图内存
    bit=(HBITMAP)LoadImage(AfxGetInstanceHandle(),cc,IMAGE_BITMAP,
    0,0,LR_LOADFROMFILE|LR_CREATEDIBSECTION);
    //建立新的设备相关位图 bit,将 cc 指明的图形文件调入 bit
    if(bit==NULL)   return FALSE;
    DIBSECTION ds;            //获取调入位图的信息
    BITMAPINFOHEADER &bm=ds. dsBmih;
    GetObject(bit,sizeof(ds),&ds);
    w=bm. biWidth;//得到位图宽度
    h=bm. biHeight;//得到位图高度
    return TRUE;
}
```

（5）在 OnInitDialog()函数中添加代码如下：

```
BOOL CMygame18Dlg::OnInitDialog()
{
    ...
    CString cc;
    cc="\r\t How are you!";
    SetDlgItemText(IDC_EDIT1,cc);
    MoveWindow(0,0,640,480);        //窗口定位
    CenterWindow();
    GetDlgItem(IDOK)->MoveWindow(640-60,0,55,18,TRUE);
            //确定按钮控件位置
    GetDlgItem(IDCANCEL)->MoveWindow(640-60,30,55,18,TRUE);
    //取消按钮控件位置
    MemDC=CreateCompatibleDC(0);    //创建设备场景 MemDC
    DCBak=CreateCompatibleDC(0);    //创建设备场景 DCBak
    m0=0;        //动画初值 0
    m1=5;        //动画终值 5
    p=m0;
    GetCurrentDirectory(256,appdir);
    //取源程序所在的当前目录 D:\GAME\mygame18
    dir=appdir;
    if (dir.Right(8)=="mygame18")   dir="..//ownlsf//bmp//";
    else   dir="D://GAME//ownlsf//bmp//";
    cc=dir+"boy01.bmp";//调入 bmp 背景图片 D:\GAME\ownlsf\bmp\boy01.bmp
    loadbmp(cc);
    //SelectObject(MemDC,bit);
    SelectObject(DCBak,bit);
    SetTextColor(DCBak,RGB(255,255,255));    //在背景上显示文字
    SetBkMode(DCBak,TRANSPARENT);            //字是透明的
    cc="我可以动啦,走走跑跑,世间真美好!";
    TextOut(DCBak,150,100,cc,lstrlen(cc));
    SetTextColor(DCBak,RGB(255,0,0));
    cc="我不要加框,放开我!";
    TextOut(DCBak,150,175,cc,lstrlen(cc));
    cc="BMP 图片本身就是矩形的,图片的底色是白色。";
    TextOut(DCBak,151,250,cc,lstrlen(cc));
    return TRUE;
```

```
}
```

(6)修改 OnOK()函数的代码。

```
void CMygame18Dlg::OnOK()
{
    GetDlgItem(IDC_EDIT1)->ShowWindow(SW_HIDE);   //隐藏编辑框
    CClientDCdc(this);
    GetWindowRect(rect);        //取当前窗口尺寸
    BitBlt(dc.m_hDC,0,0,rect.Width(),rect.Height(),DCBak,0,0,SRCCOPY);
            //将 DCBak 的图形显示在屏幕上
    SetTimer(1,1000,NULL);
    //CDialog::OnOK();
}
```

(7)修改 OnCancel() 函数的代码。

```
void CMygame18Dlg::OnCancel()
{
    DeleteDC(MemDC);   //删除暂存设备场景
    DeleteDC(DCBak);   //删除暂存设备场景
    DeleteObject(bit);   //删除暂存设备相关位图
    CDialog::OnCancel();
}
```

至此运行效果如图 18-3 所示。

(8)修改 OnTimer 函数的代码,增加角色透明显示功能,运行效果如图 18-1 所示。

```
void CMygame18Dlg::OnTimer(UINT nIDEvent)
{
    CClientDCdc(this);
    int x=150,int y=0;
    BitBlt(dc.m_hDC,x,y,w,h,DCBak,x,y,SRCCOPY);
    //用地图刷新窗口,将 DCBak 的图形拷贝到 dc.m_hDC 指向的当前窗口内存
    if (getpic("ball",p)==FALSE)
    {
        AfxMessageBox(cc+" is not found!");
        return;
    }
    SelectObject(MemDC,bit);   //设备相关位图关联到暂存设备场景
    TransparentBlt(dc.m_hDC,x,y,w,h,MemDC,0,0,w,h,RGB(0xff,0xff,0xff));
        //角色透明显示
    p++;
```

图 18-3　在背景图片上加载角色动画效果(未实现透明显示位图)

if(p＞5) p＝0；

CDialog∷OnTimer(nIDEvent)；

}

第3篇
部分实验参考答案

实验 1   C++程序运行环境参考答案

任务 3 参考答案

```
#include <iostream>      //文件包含命令(编译预处理命令)
using namespace std;     //使用命名空间 std
int main()               //函数头
{
    double r,s;                    //说明 2 个 double 型变量 r,s
    const float PI=3.141593;       //定义符号常量 PI
    cout<<"请输入半径(r):";        //显示提示信息
    cin>>r;                        //从键盘输入数据,送到变量 r
    s=r*r*PI;                      //计算圆面积并赋值给 s
    cout<<"圆面积:"<<s<<endl;
    return 0;
}
```

实验 2　类和对象参考答案

任务 1 参考答案

```cpp
#include <iostream>
using namespace std;
class Time
{
  private:
    int hour;
    int minute;
    int sec;
  public:
    Time(){hour=0;minute=0;sec=0;}
    void set (){cin>>hour;cin>>minute;cin>>sec;}
    void show (){cout<<hour<<":"<<minute<<":"<<sec<<endl;}
};
int main()
{
  Time t1;
  t1. set ();
  t1. show ();
  return 0;
}
```

任务 2 参考答案

```cpp
#include <iostream>
#include <iomanip>
using namespace std;
class Date
{
  private:
    int year;
```

```
    int month;
    int day;
  public:
    void set ();
    void print();
};
void Date::set ()
{
  cin>> year;
  cin>> month;
  cin>> day;
}
void Date:: print ()
{
  cout<<setfill('0');        //将月、日前的空格用 0 填充
  cout<<setw(4)<<year<<"-"<< setw(2)<<month<<"-"<< setw
  (2)<<day<<endl;
  cout<<setfill(' ');        //将月、日前的空格恢复用空格填充
}
int main()
{
  Date d;
  d. set ();
  d. print();
  cout<<sizeof(Date) <<endl;
  return 0;
}
```

任务 3 参考答案

```
// student. h
class Student
{
  public:
    void display();
    void set_value();        //增加赋初值的成员函数 set_value 的声明
  private:
```

```cpp
    int num;
    char name[20];
    char sex;
};


// student.cpp
#include <iostream>
using namespace std;
#include <student.h>
void Student : : set_value()     //增加赋初值的成员函数 set_value 的定义
{
    cout <<"please input num name sex"<< endl;
    cin >> num;
    cin >> name;
    cin >> sex;
}
void Student : : display()
{
    cout <<"num: "<< num << endl;
    cout <<"name: "<< name << endl;
    cout <<"sex: "<< sex << endl;
}
// main.cpp
#include <student.h>        //增加包含类定义的头文件
int main()
{
    Student stud;
    stud. set_value();
    stud. display();
    return 0;
}
```

任务 4 参考答案

```cpp
#include <iostream>
using namespace std;
class Square
```

```
{
  private：
    int length；        //正方形的边长
  public：
    void set（int len）；
    int area（）；
};
class Circle
{
  private：
    int length；        //圆的直径
  public：
    void set（int len）；
    double area（）；
};
void Square∷set(int len){length＝len；}
void Circle∷set(int len){length＝len；}
int Square∷area(){return length ＊ length；}
double Circle∷area(){return 3.1416 ＊ length ＊ length/4；}
int main()
{
  Square s；
  s.set（15）；
  cout ＜＜"边长 15 的正方形的面积为："＜＜ s.area() ＜＜ endl；
  Circle c；
  c.set（10）；
  cout ＜＜"直径为 10 的圆的面积为："＜＜ c.area() ＜＜ endl；
  return 0；
}
```

任务 5 参考答案

```
＃include ＜iostream＞
using namespace std；
class rectangle
{
  private：
```

```cpp
    float length;
    float width;
    float height;
public:
    void set_rectangle();
    void display_volume();
};
void rectangle::set_rectangle()
{
    cout <<"Please input rectangle length width height"<< endl;
    cin >> length;
    cin >> width;
    cin >> height;
}
void rectangle::display_volume()
{
    float volume;
    volume = length * width * height;
    cout <<"Volume is : ";
    cout << volume << endl;
}
int main()
{
    rectangle rec;
    rec.set_rectangle();
    rec.display_volume();
    return 0;
}
```

实验 3　类的数据共享参考答案

任务 1 参考答案

```
//整数求余
int fun(int a,int b)
{
  return (a%b);
}
//实数求余
double fun(double a,double b)
{
  int i,j;
  if(a-(int)a>0.5)   i=(int)a+1;
  else i=(int)a;
  if(b-(int)b>0.5)   j=(int)b+1;
  else j=(int)b;
  return (i%j);
}
```

任务 2 参考答案

(1)Point operator+(constPoint&b);
(2)Point operator+(constPoint&b)

任务 3 参考答案

```
#include <iostream>
using namespace std;
class Complex
{
  public:
    Complex(){real=0;imag=0;}
    Complex(double r,double i){real=r;imag=i;}
```

```
    friend Complex operator+(Complex &c1,Complex &c2);
                    //重载函数作为友元函数
    void display();
    private:
        double real;
        double imag;
};
//下面定义作为友元函数的重载函数
Complex operator+(Complex &c1,Complex &c2)
{
    return Complex(c1.real+c2.real,c1.imag+c2.imag);
}
void Complex::display()
{
    cout<<"("<<real<<","<<imag<<"i)"<<endl;
}
//下面是测试函数
int main()
{
    Complex c1(3,4),c2(5,-10),c3;
    c3=c1+c2;
    cout<<"c1="; c1.display();
    cout<<"c2="; c2.display();
    cout<<"c1+c2 ="; c3.display();
}
```

任务 4 参考答案

方法 1:用成员函数求解
```
#include <iostream>
using namespace std;
const double PI=3.14159;
class Circle
{
    double r;
    public:
        Circle(double ra){r=ra;}
```

```
    double area(double ra=0);
    double p(double ra=0);
  void show()
  {
    cout<<"Area of circle is "<<area(r)<<'\n';
    cout<<"Perimeter of circle is "<<p(r)<<'\n';
  }
};
double Circle::area(double ra){ return PI * ra * ra;}
double Circle::p(double ra){ return 2 * PI * ra;}
int main()
{
  Circle C(3);
  C. show();
  return 0;
}
```

方法 2:用友元函数求解

```
#include <iostream>
using namespace std;
const double PI=3. 14159;
class Circle
{
  double r;
  public:
    Circle(double ra){r=ra;}
    friend double area(Circle &d);
    friend double p(Circle &d);
};
double area(Circle &d){return PI * d. r * d. r;}
double p(Circle &d){return 2 * PI * d. r;}
int main()
{
  Circle C(3);
  cout<<"Area of circle is "<<area(C)<<endl;
  cout<<"Perimeter of circle is "<<p(C)<<endl;
  return 0;
}
```

实验 9 窗口绘图(一)参考答案

任务 4 参考答案

(1)建立一个单文档应用程序,工程名为 h37star2。

(2)添加头文件♯include<cmath>。

(3)在 view 类中添加消息响应函数 OnCreate()和 OnTimer(),添加 CPoint 型数组 p[100]和 q[6]。

(4)在 view 类的 OnDraw(CDC * pDC)中添加以下代码:

```
void CH37_s1View::OnDraw(CDC * pDC)
{
    CH37_s4Doc * pDoc=GetDocument();
    ASSERT_VALID(pDoc);
    CRect rect;
    GetClientRect(rect);
    pDC->FillSolidRect(rect,RGB(0,0,0));            //为单文档设置黑色背景
    CPen pen1(PS_SOLID,0,RGB(0,0,0));              //定义一个画笔
    CPen pen2(PS_SOLID,0,RGB(255,255,255));        //定义一个画笔
    CPen * pOldpen=pDC->SelectObject(&pen1);
    CBrush br1(RGB(0,0,0));
    CBrush br2(RGB(255,255,255));
    CBrush * oldBrush=pDC->SelectObject(&br2);
    CRect rc1(100,100,300,300);                    //定义一个矩形区域
    CRect rc2(90,160,310,380);                     //定义一个矩形区域
    pDC->Ellipse(rc1);
    pDC->SelectObject(br1);
    pDC->Ellipse(rc2);
    pDC->SelectObject(&pen2);
    pDC->SelectObject(br2);
    for(int i=0;i<50;i++)
    {
        int r=4+rand()%6;
        q[0].x=p[i].x;
        q[0].y=p[i].y-r;
```

```
      q[1]. x＝p[i]. x＋r * cos(18 * 3. 14/180);
      q[1]. y＝p[i]. y－r * sin(18 * 3. 14/180);
      q[2]. x＝p[i]. x＋r * cos(54 * 3. 14/180);
      q[2]. y＝p[i]. y＋r * sin(54 * 3. 14/180);
      q[3]. x＝p[i]. x－r * cos(54 * 3. 14/180);
      q[3]. y＝p[i]. y＋r * sin(54 * 3. 14/180);
      q[4]. x＝p[i]. x－r * cos(18 * 3. 14/180);
      q[4]. y＝p[i]. y－r * sin(18 * 3. 14/180);
      q[5]. x＝p[i]. x;
      q[5]. y＝p[i]. y－r;
      pDC->MoveTo(q[0]. x,q[0]. y);
      pDC->LineTo(q[2]. x,q[2]. y);
      pDC->LineTo(q[4]. x,q[4]. y);
      pDC->LineTo(q[1]. x,q[1]. y);
      pDC->LineTo(q[3]. x,q[3]. y);
      pDC->LineTo(q[0]. x,q[0]. y);
   }
   for(i＝50;i<100;i++)
   {
      int r2＝4＋rand()%6;
      pDC->Ellipse(p[i]. x,p[i]. y,p[i]. x+r2,p[i]. y+r2);
   }
   Sleep(1000);
   pDC->SelectObject(oldBrush);
   br1. DeleteObject();
   br2. DeleteObject();
   pDC->SelectObject(pOldpen);        //恢复之前的画笔
   pen1. DeleteObject();
   pen2. DeleteObject();
}
```

（5）在 view 类的 OnCreate 函数中添加以下代码：

```
int CH37_s4View::OnCreate(LPCREATESTRUCT lpCreateStruct)
{
   if (CView::OnCreate(lpCreateStruct) == －1)
      return －1;
   SetTimer(1,1000,NULL);
   return 0;
```

```
}
```

(6)在 view 类的 OnTimer 函数中添加以下代码：

```
void CH37_s3View::OnTimer(UINT nIDEvent)
{
    for(int i=0;i<100;i++)
    {
        p[i].x=rand()%1024;
        p[i].y=rand()%768;
    }
    Invalidate();
    CView::OnTimer(nIDEvent);
}
```

任务 5 参考答案

(1)建立基于单文档的应用程序,工程名为 clocka。
(2)添加 #include <cmath>。
(3)在视图类的 OnDraw 函数中添加代码如下：

```
void CClockaView::OnDraw(CDC * pDC)
{
    CClockaDoc * pDoc=GetDocument();
    ASSERT_VALID(pDoc);
    const double PI=3.14;
    CPen pen1(PS_SOLID,5,RGB(255,0,64));
    pDC->SelectObject(&pen1);              //选择画笔
    CBrush br1(RGB(255,220,220));          //创建粉红色的单色画刷
    pDC->SelectObject(&br1);               //选择画刷
    CRect rc;
    GetClientRect(rc);
    int xOrg=(rc.left+rc.right)/2;
    int yOrg=(rc.top+rc.bottom)/2;         //设置钟表中心位于屏幕中心
    int xBegin,yBegin;
    int xEnd,yEnd;
    int rClock=min(xOrg,yOrg)-50;          //钟表的半径
    int rSec=(int)(rClock * 6/7);          //秒针的半径
    int rMin=(int)(rClock * 5/6);          //分针的半径
    int rHour=(int)(rClock * 2/3);         //时针的半径
```

```
CString str,hstr,mstr,sstr;
int h,m,s,x,y,d=3;
double sita;
//pDC->Ellipse(d,d,rc. right-d,rc. bottom-d);        //表面圆
pDC->Ellipse(xOrg-rClock,yOrg-rClock,xOrg+rClock,yOrg+rClock);
                                                    //表面圆
for(int i=1;i<=12;i++)
{
    str. Format("%d",i);
    sita=i*6.28/12;
    x=(int)(xOrg-4+(rClock-20)*sin(sita));
    y=(int)(yOrg-8-(rClock-20)*cos(sita));
    pDC->SetBkColor(RGB(255,220,220));
    pDC->TextOut(x,y,str);
}
CTime time=CTime::GetCurrentTime();
h=time. GetHour();
m=time. GetMinute();
s=time. GetSecond();
hstr. Format("%2d",h);
mstr. Format("%2d",m);
sstr. Format("%02d",s);
pDC->TextOut(rc. right/2-25,rc. top+90,hstr+":"+mstr+":"+sstr);
for(i=0;i<60;i++)
{
    xBegin=(int)(xOrg+rClock*sin(2*PI*i/60));
    yBegin=(int)(yOrg+rClock*cos(2*PI*i/60));
    pDC->MoveTo(xBegin,yBegin);
    if (i%5)        //绘制钟表表面的非整点刻度
    {
        CPen pen2(PS_SOLID,2,RGB(255,0,255));        //设为洋红
        pDC->SelectObject(&pen2);
        xEnd=(int)(xOrg+(rClock-20)*sin(2*PI*i/60));
        yEnd=(int)(yOrg+(rClock-20)*cos(2*PI*i/60));
        pDC->LineTo(xEnd,yEnd);
        pen2. DeleteObject();
    }
```

```
    else    //绘制钟表表面的整点刻度
    {
        CPen pen3(PS_SOLID,4,RGB(255,0,0));        //设为红色
        pDC->SelectObject(&pen3);
        xEnd=(int)(xOrg+(rClock-10)*sin(2*PI*i/60));
        yEnd=(int)(yOrg+(rClock-10)*cos(2*PI*i/60));
        pDC->LineTo(xEnd,yEnd);
        pen3.DeleteObject();
    }
}
CPen SecPen(PS_SOLID,2,RGB(255,0,0));
pDC->SelectObject(&SecPen);
sita=2*PI*s/60;
xBegin =xOrg+(int)(rSec*sin(sita));
yBegin =yOrg-(int)(rSec*cos(sita));    //秒针的起点位置为秒针的最末端
xEnd=xOrg+(int)(rClock*sin(sita+PI)/8);
yEnd=yOrg-(int)(rClock*cos(sita+PI)/8);
                        //秒针终点位置在秒针反方向秒针长1/8处
pDC->MoveTo(xBegin,yBegin);
pDC->LineTo(xEnd,yEnd);    //绘制秒针
CPen MinutePen(PS_SOLID,4,RGB(255,0,0));
pDC->SelectObject(&MinutePen);
sita=2*PI*m/60;
xBegin =xOrg+(int)(rMin*sin(sita));
yBegin =yOrg-(int)(rMin*cos(sita));        //分针起点位置在分针的最末端
xEnd=xOrg+(int)(rClock*sin(sita+PI)/8);
yEnd=yOrg-(int)(rClock*cos(sita+PI)/8);
                        //分针终点位置在分针反方向分针长1/8处
pDC->MoveTo(xBegin,yBegin);
pDC->LineTo(xEnd,yEnd);    //绘制分针
CPen HourPen(PS_SOLID,6,RGB(255,0,0));
pDC->SelectObject(&HourPen);
if (h>=12)
    h=h-12;
sita=2*PI*h/12;
xBegin =xOrg+(int)(rHour*sin(sita));
yBegin =yOrg-(int)(rHour*cos(sita));        //时针起点位置在时针的最末端
```

xEnd＝xOrg＋(int)(rClock ∗ sin(sita＋PI)/8);

yEnd＝yOrg－(int)(rClock ∗ cos(sita＋PI)/8);

　　　　　　　　//时针终点位置在时针反方向时针长 1/8 处

pDC－＞MoveTo(xBegin,yBegin);

pDC－＞LineTo(xEnd,yEnd);　　//绘制时针

pen1. DeleteObject();

SecPen. DeleteObject();　　　　//删除画笔

MinutePen. DeleteObject();　　　//删除画笔

HourPen. DeleteObject();　　　　//删除画笔

}

(4)在视图类的 OnCreate 函数中添加以下代码:

int CClockaView::OnCreate(LPCREATESTRUCT lpCreateStruct)

{

　if (CView::OnCreate(lpCreateStruct) == －1)

　　return －1;

　SetTimer(1,1000,NULL);

　return 0;

}

(5)在视图类的 OnTimer 函数中添加以下代码:

void CClockaView::OnTimer(UINT nIDEvent)

{

　Invalidate();

　CDialog::OnTimer(nIDEvent);

}

实验10 窗口绘图(二)参考答案

任务 5 参考答案

(1)建立一个单文档应用程序,工程名为 windmill。

(2)添加头文件♯include＜cmath＞。

(3)在 view 类中添加消息响应函数 OnCreate()和 OnTimer(),添加 int 型变量 nNum。

(4)在 view 类构造函数中初始化变量 nNum＝0。

(5)在 view 类的 OnDraw(CDC * pDC)中添加以下代码:

```
void CWindmillView::OnDraw(CDC * pDC)
{
    CWindmillDoc * pDoc＝GetDocument();
    ASSERT_VALID(pDoc);
    const double PI = 3.1415926;
    CPoint p;               //定义一个圆心点的坐标
    double sita;            //叶片的直边与水平轴的夹角
    int nMax＝20;           //叶片循环一周中绘图的次数
    int r＝100;             //定义圆的半径
    int x0,y0;
    CRect rc;
    GetClientRect(rc);
    CPen pen(PS_SOLID,3,RGB(128,255,128));
    pDC－＞SelectObject(pen);
    x0＝(rc.left＋rc.right)/2;
    y0＝(rc.top＋rc.bottom)/2;
    pDC－＞Ellipse(x0－2 * r－5,y0－2 * r－5,x0＋2 * r＋5,y0＋2 * r＋5);
    pDC－＞Ellipse(x0－2 * r,y0－2 * r,x0＋2 * r,y0＋2 * r);   //绘制外圆
    CBrush br1;
    br1.CreateSolidBrush(RGB(255, 0, 0));      //绘制红色叶片
    pDC－＞SelectObject(br1);
    sita＝2 * PI / nMax * nNum;
    p.x＝(int)(x0＋r * cos(sita));
    p.y ＝(int)(y0＋r * sin(sita));
```

```
pDC->Pie(p. x-r, p. y-r, p. x+r, p. y+r,(int)(p. x+r * cos(sita)),(int)
(p. y+r * sin(sita)), (int)(p. x+r * cos(sita+PI)), (int)(p. y+r * sin(sita+
PI)));
CBrush br2;
br2. CreateSolidBrush(RGB(255,255,0));      //绘制黄色叶片
pDC->SelectObject(br2);
p. x = (int)(x0+r * cos(sita+2 * PI/3));
p. y = (int)(y0+r * sin(sita+2 * PI/3));
pDC->Pie(p. x-r, p. y-r, p. x+r, p. y+r,(int)(p. x+r * cos(sita+2 * PI/
3)),(int)(p. y+r * sin(sita+2 * PI/3)), (int)(p. x+r * cos(sita+PI+2 * PI/
3)), (int)(p. y+r * sin(sita+PI+2 * PI/3)));
CBrush br3;
br3. CreateSolidBrush(RGB(0,255,255));      //绘制蓝色叶片
pDC->SelectObject(br3);
p. x = (int)(x0+r * cos(sita+4 * PI/3));
p. y = (int)(y0+r * sin(sita+4 * PI/3));
pDC->Pie(p. x-r, p. y-r, p. x+r, p. y+r,(int)(p. x + r * cos(sita+4 * PI/
3)),(int)(p. y+r * sin(sita+4 * PI/3)), (int)(p. x+r * cos(sita+PI+4 * PI/
3)), (int)(p. y+r * sin(sita+PI+4 * PI/3)));
CTime time=CTime::GetCurrentTime();
CString str,hstr,mstr,sstr;
int h,m,s;
pDC->SetTextColor(RGB(0,0,0));
h=time. GetHour();
m=time. GetMinute();
s=time. GetSecond();
hstr. Format("%2d",h);
mstr. Format("%2d",m);
sstr. Format("%02d",s);
pDC->TextOut(rc. right/2-180,rc. top+20,"班级:XXXX   姓名:XXXX");
pDC->TextOut(rc. right/2+80,rc. top+20,hstr+":"+mstr+":"+sstr);
pen. DeleteObject();
br1. DeleteObject();
br2. DeleteObject();
br3. DeleteObject();
}
```

(6)在视图类的 OnCreate 函数中添加以下代码：

```
int CWindmillView::OnCreate(LPCREATESTRUCT lpCreateStruct)
{
    if (CView::OnCreate(lpCreateStruct) == -1)
        return -1;
    SetTimer(1,100,NULL);
    return 0;
}
```

(7)在视图类的 OnTimer 函数中添加以下代码：

```
void CWindmillView::OnTimer(UINT nIDEvent)
{
    nNum++;
    Invalidate(); // 重绘窗口区域
    CView::OnTimer(nIDEvent);
}
```

任务 6 参考答案

(1)建立一个单文档应用程序 e44mfc。
(2)添加头文件 #include<cmath>和 #define pi 3.1415926。
(3)在 view 类中添加 int 型变量 nx,ny,rw,rn。
(4)在 view 类的 OnDraw(CDC * pDC) 中添加以下代码：

```
void CE44mfcView::OnDraw(CDC * pDC)
{
    CE44mfcDoc * pDoc=GetDocument();
    ASSERT_VALID(pDoc);
    CPen pen(PS_SOLID,3,RGB(255,0,0));   //定义一个画笔
    CPen * pOldpen=pDC->SelectObject(&pen);
    CBrush br1;
    br1.CreateSolidBrush(RGB(255,255,255));
    CBrush * pOldBrush=pDC->SelectObject(&br1);
    CRect rect1;
    GetClientRect(rect1);
    pDC->FillRect(rect1,&br1);
    nx=(rect1.left+rect1.right)/2;
    ny=(rect1.top +rect1.bottom) * 9/10;
    rw=(rect1.bottom-rect1.top) * 8/10;
```

```
rn=(rect1.bottom-rect1.top)*2/10;
pDC->MoveTo(nx, ny);
doublesita=pi/12;
pDC->LineTo((int)(nx+rw*cos(sita)), (int)(ny-rw*sin(sita)));
pDC->ArcTo(nx-rw, ny-rw,nx+rw, ny+rw,(int)(nx+rw*cos(sita)),
(int)(ny-rw*sin(sita)), (int)(nx-rw*cos(sita)), (int)(ny-rw*sin
(sita)));
for (int i=1;i<=11;i++)
{
    pDC->MoveTo(nx, ny);
    pDC->LineTo((int)(nx+rw*cos(i*sita)), (int)(ny-rw*sin(i*sita)));
}
pDC->LineTo(nx, ny);
pDC->MoveTo((int)(nx+rn*cos(sita)), (int)(ny-rn*sin(sita)));
pDC->ArcTo(nx-rn, ny-rn,nx+rn, ny+rn,(int)(nx+rn*cos(sita)),
(int)(ny-rn*sin(sita)), (int)(nx-rn*cos(sita)), (int)(ny-rn*sin
(sita)));
char poem[10][15]={{"黄鹤楼","崔颢",
"昔人已乘黄鹤去","此地空余黄鹤楼",
"黄鹤一去不复返","白云千载空悠悠",
"晴川历历汉阳树","芳草萋萋鹦鹉洲",
"日暮乡关何处是","烟波江上使人愁"};
int r,r1,r2,x,y,m;
sita=pi*133/180/9;
for (i=1;i<=10;i++)
{
    r1=rw-20,r2=rn+10;
    m=0;
    for(r=r1;r>=r2;r=r-(int)((r1-r2)/8))
    {
        x=(int)(nx+r*cos(pi*10/180+i*sita));
        y=(int)(ny-r*sin(pi*10/180+i*sita));
        pDC->TextOut(x, y,poem[i-1]+m,2);
        m=m+2;
        if (m==14)   break;
    }
}
```

```
        pDC->SelectObject(pOldBrush);
        br1.DeleteObject();
        pDC->SelectObject(pOldpen);      //恢复之前的画笔
        pen.DeleteObject();
    }
```

第 4 篇

部分习题参考答案

习题 1 参考答案

1-1

Standard 工具栏包括 14 个按钮和一个填写查找内容的下拉列表框。14 个按钮的功能分别是新建文本文件、打开、保存、全部保存、复制、剪切、粘贴、撤销、恢复、显示并激活项目工作区窗口、激活输出窗口、窗口列表、在多个文件中查找、查找。

Build 工具栏包括 6 个按钮，分别是编译程序、全部重建、停止组建、执行程序、启动或继续执行程序、插入或删除断点。

WizardBar 工具栏包括 WizardBar C++ Class、WizardBar C++ Filter、WizardBar C++ Member 三个下拉列表框和一个按钮。三个下拉列表框分别用于显示用户选择的类、消息标识和函数生成方式，而一个按钮可激活一个下拉菜单，用来实现 Class Wizard 各文件之间的互联查询。

1-2

可视化编程是指在软件开发过程中，基于面向对象的思想，通过对直观的具有一定含义的图标按钮、图形化对象的操作实现编程工作的可视化。通常要先进行界面的设计，再基于事件编写程序代码，以响应鼠标、键盘的各种动作。

1-3

VC++项目工作区有 3 个选项卡，一是 File View 文件视图，显示项目文件和项目工作区中所包含文件的逻辑关系。二是 Class View 类视图，显示项目中定义的 C++类。三是 Resource View 类视图，显示项目中包含的资源文件。

习题 2 **参考答案**

2-1

(1)friend void display(Date&)；　　　//声明友元函数,形参为类对象引用

(2)void display(Date&d)　　　　　　//定义友元函数,形参为类对象引用

(3)display (d1)；　　//调用友元函数,通过类对象访问类的成员变量

2-2

(1)friend Point operator＋(constPoint&a，Point&b)；

　　　　　　　　　　　　　　//操作符重载函数作为友元函数

(2)Point operator＋(constPoint&a，Point&b)

2-3

(1) const Date &

(2) d. month

(3) d. day

(4) d. year

习题 3 **参考答案**

3-3

MFC 应用程序对消息的描述有3 种类型:窗口消息、命令消息和控件消息。

3-4

窗口对象是可以由应用程序直接创建的 CWnd 类或其派生类的对象,它随调用应用程序的构造函数而出现,随调用应用程序的析造函数而消失。Windows 窗口是 Windows 窗口内部数据结构的句柄,在显示时要消耗系统资源。Windows 窗口由窗口句柄 HWND 标识,并由 CWnd 类的成员函数 Create 在创建 CWnd 类对象后创建,窗口可以被应用程序调用销毁或被用户动作销毁,窗口句柄保存在窗口对象的 m_hWnd 成员变量中。

习题 4 **参考答案**

4-2

(1)建立一个单文档应用程序,工程名为 h42。

(2)添加头文件♯include＜cmath＞。

(3)在 view 类中添加消息响应函数 OnCreate()和 OnTimer(),添加 int 型变量 mx,my,nx,ny,x。

(4)在 view 类构造函数中初始化变量 x＝0。

(5)在 view 类的 OnDraw(CDC ＊ pDC) 中添加以下代码：

```
void CH42View::OnDraw(CDC ＊ pDC)
{
    CH42Doc ＊ pDoc＝GetDocument();
    ASSERT_VALID(pDoc);
    CPen pen(PS_SOLID,2,RGB(255,0,0));        //定义一个画笔
    CPen ＊ pOldpen＝pDC－＞SelectObject(&pen);
    CBrush br1(RGB(0,255,0));
    CBrush ＊ pOldBrush＝pDC－＞SelectObject(&br1);
    pDC－＞SelectObject(br1);
    CRect rect1(0,0,1024,768);
    nx＝(rect1.left＋rect1.right)/2;
    ny＝(rect1.top ＋rect1.bottom)/2;
    pDC－＞Ellipse(nx－200,ny－200, nx＋200,ny＋200);
    pDC－＞MoveTo(nx,ny);
    pDC－＞LineTo(mx,my);
    pDC－＞SelectObject(pOldBrush);
    br1.DeleteObject();
    pDC－＞SelectObject(pOldpen);              //恢复之前的画笔
    pen.DeleteObject();
}
```

(6)在 view 类的 OnCreate 函数中添加以下代码：

```
int CH42View::OnCreate(LPCREATESTRUCT lpCreateStruct)
{
    if (CView::OnCreate(lpCreateStruct) ＝＝ －1)
        return －1;
    SetTimer(1,1000,NULL);
    return 0;
}
```

(7)在 view 类的 OnTimer 函数中添加以下代码：

```
void CH42View::OnTimer(UINT nIDEvent)
{
    x＝x＋1;
    if (x＝＝360)   x＝0;
    mx＝nx＋200 ＊ cos(x);
    my＝ny＋200 ＊ sin(x);
    Invalidate();
```

```
    CView::OnTimer(nIDEvent);
}
```

4-3

(1)建立一个单文档应用程序,工程名为 h43。

(2)添加头文件 #include<cmath>。

(3)在 view 类中添加消息响应函数 OnCreate()和 OnTimer(),添加 CPoint 型数组 p
[600],int 型变量 t,cx,cy。

(4)在 view 类构造函数中初始化变量 t=0,cx=0,cy=300。

(5)在 view 类的 OnDraw 函数中添加以下代码:

```
void CH43View::OnDraw(CDC * pDC)
{
    CH43Doc * pDoc = GetDocument();
    ASSERT_VALID(pDoc);
    CRect rect(0,0,1024,768);
    CPen pen1(PS_SOLID,0,RGB(255,0,0));        //定义一个画笔
    CPen * pOldpen=pDC->SelectObject(&pen1);
    CBrush brush(RGB(255,192,192));
    CBrush * oldBrush=pDC->SelectObject(&brush);
    pDC->Rectangle(rect);                      //绘制矩形
    pDC->SelectObject(pOldpen);                //恢复之前的画笔
    pen1.DeleteObject();
    CPen pen2(PS_SOLID,5,RGB(255,0,0));        //定义一个画笔
    pOldpen=pDC->SelectObject(&pen2);
    pDC->MoveTo(0,300);
    pDC->LineTo(1024,300);                     //绘制 x 轴
    pDC->MoveTo(0,300);
    pDC->Polyline(p,600);
    CBrush brush2(HS_DIAGCROSS,RGB(0,192,192));
    CBrush * oldBrush=pDC->SelectObject(&brush);
    pDC->Ellipse(cx-50,cy-50,cx+50,cy+50);
    pDC->SelectObject(pOldpen);                //恢复之前的画笔
    pen2.DeleteObject();
    pDC->SelectObject(oldBrush);
    brush.DeleteObject();
}
```

(6)在 view 类的 OnCreate 函数中添加以下代码:

```
int CH43View::OnCreate(LPCREATESTRUCT lpCreateStruct)
```

```
{
    if (CView::OnCreate(lpCreateStruct) == -1)
        return -1;
    for(int j=0;j<600;j++)      //生成正弦曲线各坐标
    {
        p[j].x=(long)(j * 2 * 3.14/600 * 120);
        p[j].y=300-(long)(300 * sin(j * 2 * 3.14/600));
    }
    SetTimer(1,1000,NULL);
    return 0;
}
```

(7)在 view 类的 OnTimer 函数中添加以下代码：

```
void CH43View::OnTimer(UINT nIDEvent)
{
    t=t+1;
    cx=p[t].x;
    cy=p[t].y;
    Invalidate();
    CView::OnTimer(nIDEvent);
}
```

4-4(本题用 MFC 编程,留给学生自己完成。)

方法 1:用 MFC 实现

(1)建立一个单文档应用程序 colorstar。

(2)在 colorstarView.h 中添加：

```
#include<math.h>
#define PI 3.1415926
```

(3)在 view 类的 OnDraw(CDC * pDC)中添加以下代码：

```
void CColorstarView::OnDraw(CDC * pDC)
{
    CColorstarDoc * pDoc=GetDocument();
    ASSERT_VALID(pDoc);
    int i=0,j=0;
    POINT ww[5];        //外五边形顶点
    POINT nw[5];        //内五边形顶点
    POINT s[3];         //三角形顶点
    POINT line[2];      //两点连线
    double rw=200.0;    //外圆半径
```

```
double rn = rw * sin(PI/180 * 18)/cos(PI/180 * 36);        //内圆半径
//计算顶点的值
for(i=0;i<5;i++)
{
    ww[i]. x = 400+(long)(rw * cos(i * 72.0/180 * PI));
    ww[i]. y = 200+(long)(rw * sin(i * 72.0/180 * PI));
    nw[i]. x = 400+(long)(rn * cos(i * 72.0/180 * PI+36.0/180 * PI));
    nw[i]. y = 200+(long)(rn * sin(i * 72.0/180 * PI+36.0/180 * PI));
}
CPen Pen1(PS_SOLID,1,RGB(255,0,0));        //定义一个画笔
CPen * pOldpen=pDC->SelectObject(&Pen1);
CBrush Brush1(RGB(0,255,0));
CBrush * pOldBrush=pDC->SelectObject(&Brush1);
pDC->Polygon(ww,5);        //绘制外五边形
for(j=0;j<5;j++)        //不相邻点连线
{
    Pen1. DeleteObject();
    //设置不同颜色的画笔
    CPen Pen1(PS_SOLID,1,RGB((j * 50)%255,(j * 30)%255,(j * 20)%255));
    pDC->SelectObject(Pen1);
    line[0]=ww[j%5];
    line[1]=ww[(j+2)%5];
    pDC->Polyline(line,2);
    Sleep(1000);
}
//用不同的画刷颜色填充图形各区域
for(i=0;i<5;i++)        //画拥有两个外圆顶点的三角形
{
    s[0]=ww[i%5];
    s[1] = nw[i%5];
    s[2]= ww[(i+1)%5];
    CBrush Brush1(RGB((i * 20)% 255,(i * 80)% 255,(i * 40)% 255));
    pDC->SelectObject(Brush1);
    pDC->Polygon(s,3);
    Sleep(100);
}
for (i=0;i<5;i++)        //画拥有一个外圆顶点的三角形
```

```
    {
        if(i-1 == -1)
        {
            s[0]=ww[i%5];
            s[1]= nw[(i)%5];
            s[2]= nw[(4)%5];
        }
        else
        {
            s[0]=ww[i%5];
            s[1]= nw[(i)%5];
            s[2]= nw[(i-1)%5];
        }
        DeleteObject(Pen1);
        CBrush Brush1(RGB((89+i*80)%255,(70+i*60)%255,(130+i*60)%255));
        pDC->SelectObject(Brush1);
        pDC->Polygon(s,3);
        Sleep(100);
    }
    CBrush Brush2(RGB(255,0,0));
    pDC->SelectObject(Brush2);
    pDC->Polygon(nw,5);            //画中间的五边形
    Pen1.DeleteObject();
    Brush1.DeleteObject();
    Brush2.DeleteObject();
}
```

方法 2：Win32 应用程序

(1)新建一个 Win32 应用程序 colorstar，默认选择"空工程"。

(2)新建并添加新的源文件 star.cpp，输入如下代码：

```
#include<windows.h>
#include<math.h>
#define PI 3.1415926
long WINAPI WndProc(HWND hWnd,UINT iMessage,UINT wParam,
LONG lParam);
int WINAPI WinMain(HINSTANCE hInstance,HINSTANCE hPrevInstance,
LPSTR lpCmdLine,int nCmdShow)
{
```

```
    MSG Message;
    HWND hwnd;
    WNDCLASS wndclass;
    wndclass. cbClsExtra = 0;
    wndclass. cbWndExtra = 0;
    wndclass. hbrBackground = (HBRUSH)GetStockObject(WHITE_BRUSH);
    wndclass. hCursor = LoadCursor(NULL,IDC_ARROW);
    wndclass. hIcon = LoadIcon(NULL,IDI_APPLICATION);
    wndclass. hInstance = hInstance;
    wndclass. lpfnWndProc = WndProc;
    wndclass. lpszClassName = "SS";
    wndclass. lpszMenuName = NULL;
    wndclass. style = 0;
    if(!RegisterClass(&wndclass))
    {
        MessageBeep(0);
        return FALSE;
    }
    hwnd = CreateWindow("SS","缤纷的五角星",WS_OVERLAPPEDWIN-
    DOW,CW_USEDEFAULT,0,CW_USEDEFAULT,0,NULL,NULL,hIn-
    stance,NULL);
    ShowWindow(hwnd,nCmdShow);
    UpdateWindow(hwnd);
    while(GetMessage(&Message,0,0,0))
    {
        TranslateMessage(&Message);
        DispatchMessage(&Message);
    }
    return Message. wParam;
}
long WINAPI WndProc(HWND hWnd,UINT iMessage,UINT wParam,LONG
lParam)
{
    HDC hDC;
    HBRUSH hBrush;
    HPEN hPen;
    PAINTSTRUCT PtStr;
```

```
int i=0,j=0;
POINT ww[5];          //外五边形顶点
POINT nw[5];          //内五边形顶点
POINT s[3];           //三角形顶点
POINT line[2];        //两点连线
double rw = 200.0;    //外圆半径
double rn = rw * sin(PI/180 * 18)/cos(PI/180 * 36);   //内圆半径
//计算顶点的值
for(i=0;i<5;i++)
{
  ww[i].x = (long)(rw * cos(i * 72.0/180 * PI));
  ww[i].y = (long)(rw * sin(i * 72.0/180 * PI));
  nw[i].x = (long)(rn * cos(i * 72.0/180 * PI+36.0/180 * PI));
  nw[i].y = (long)(rn * sin(i * 72.0/180 * PI+36.0/180 * PI));
}
switch(iMessage)
{
  case WM_PAINT:
    hDC = BeginPaint(hWnd,&PtStr);
    SetMapMode(hDC,MM_ANISOTROPIC);
    SetWindowOrgEx(hDC,-300,-200,NULL);
                      //设置原点坐标(-300,-200)
    hPen = CreatePen(PS_SOLID,1,RGB(255,0,0));
    SelectObject(hDC,hPen);
    Polygon(hDC,ww,5);   //绘制外五边形
    for(j=0;j<5;j++)     //不相邻点连线
    {
      DeleteObject(hPen);
      //设置不同颜色的画笔
      hPen = CreatePen(PS_SOLID,1,RGB((j * 50)%255,(j * 30)%255,
      (j * 20)%255));
      SelectObject(hDC,hPen);
      line[0] = ww[j%5];
      line[1] = ww[(j+2)%5];
      Polyline(hDC,line,2);
      Sleep(1000);
    }
```

```
//用不同的画刷颜色填充图形各区域
for(i=0;i<5;i++)        //画拥有两个外圆顶点的三角形
{
    s[0] = ww[i%5];
    s[1] = nw[i%5];
    s[2] = ww[(i+1)%5];
    hBrush = CreateSolidBrush(RGB((i * 120) % 255,(i * 80)% 255,
    (i * 40)% 255));
    SelectObject(hDC,hBrush);
    Polygon(hDC,s,3);
    Sleep(100);
}
for (i=0;i<5;i++)    //画拥有一个外圆顶点的三角形
{
    if(i-1 == -1)
    {
        s[0] = ww[i%5];
        s[1] = nw[(i)%5];
        s[2] = nw[(4)%5];
    }
    else
    {
        s[0] = ww[i%5];
        s[1] = nw[(i)%5];
        s[2] = nw[(i-1)%5];
    }
    DeleteObject(hPen);
    hBrush = CreateSolidBrush(RGB((89+i * 80)%255,(70+i * 60)%255,
    (130+i * 60)%255));
    SelectObject(hDC,hBrush);
    Polygon(hDC,s,3);
    Sleep(100);
}
hBrush = CreateSolidBrush(RGB(255,0,0));
SelectObject(hDC, hBrush);
Polygon(hDC,nw,5);    //画中间的五边形
DeleteObject(hPen);
```

```
      DeleteObject(hBrush);
      EndPaint(hWnd,&PtStr);
      return 0;
   case WM_DESTROY:
      PostQuitMessage(0);
      return 0;
   default:
      return(DefWindowProc(hWnd,iMessage,wParam,lParam));
   }
}
```

4-5

(1)建立一个单文档应用程序 e32mfc。

(2)添加♯include ＜math.h＞。

(3)在 view 类中添加 OnLButtonDown 函数,添加以下代码:

```
void CE32mfcView::OnLButtonDown(UINT nFlags, CPoint point)
{
   if(nFlags == MK_LBUTTON)       //鼠标左键按下标志
   {
      CClientDCdc(this);
      r=rand()%255;
      CPenpen(PS_SOLID,r%10,RGB(r,255,255-r));
      CPen * pOldPen=dc.SelectObject(&pen); //将画笔对象选入设备描述表中
      CBrushbr(RGB(r * 3%255,255-r,r));
      CBrush * pOldBrush = dc.SelectObject(&br);
                              //将画笔对象选入设备描述表中
      r=3+rand()%50;
      dc.Ellipse(point.x-r,point.y-r,point.x+r,point.y+r);
      dc.SelectObject(pOldPen);       //恢复设备描述表
      pen.DeleteObject();
   }
   CView::OnLButtonDown(nFlags, point);
}
```

习题 5 参考答案

5-1

(1)编辑框。

（2）CEdit，GetWindowText（）。

（3）单选列表框，多重选择列表框，单选列表框，多重选择列表框。

（4）编辑框，单选列表框。

5-3

一般应用程序中每一控件都有自己独立的消息控制函数，但滚动条控件不同，因为应用程序中所有的水平滚动条都只有一个 WM_HSCROLL 消息控制函数，而所有的垂直滚动条都只有一个 WM_HSCROLL 消息控制函数。对这两个消息的默认处理函数是 CWnd∷OnHScroll 和 CWnd∷OnVScroll，一般需要在派生类中对这两个函数进行重载，以实现滚动功能。

以水平滚动条为例，如果应用程序中只有一个水平滚动条，则不会出现什么问题。在具有多个水平滚动条的应用程序中，水平滚动条要用一个 WM_HSCROLL 消息控制函数，程序必须要识别出是哪个水平滚动条在发送消息。

函数 OnHScroll（UINT nSBCode，UINT nPos，CScrollBar ＊pScrollBar）有三个参数，第三个参数 pScrollBar 表示与事件关联的是哪一个滚动条。只需设置一个条件判断语句，如 if（pScrollBar＝＝&m_ScrollBar1），用来检测 pScrollBar 的值是哪一个滚动条的对象名，判断为真，则执行的事件与该滚动条有关。

习题 6 参考答案

6-1

菜单资源有 3 种，分别是系统菜单、程序主菜单和快捷菜单。

6-2

菜单的设计一般分三步：第一步是通过菜单编辑器编辑菜单资源；第二步是映射菜单消息和成员函数；第三步是手动加入菜单消息处理代码。

第5篇

自测卷及答案

自测卷1　类与对象自测

自测成绩：_____

本卷50道选择题,每题2分,共100分。

1. C++语言是从早期的C语言逐渐发展演变而来的。与C语言相比,它在求解问题方法上进行的最大改进是（　　　）。

A. 面向过程　　　　B. 面向对象　　　　C. 安全性　　　　D. 复用性

2. C++对C语言做了很多改进,下列描述中的（　　　）使得C语言发生了质变,从面向过程变成了面向对象。

A. 增加了一些新的运算符

B. 允许函数重载,并允许设置缺省参数

C. 规定函数说明必须用原型

D. 引进了类和对象的概念

3. 关于C++与C语言关系的描述中,（　　　）是错误的。

A. C语言是C++的一个子集　　　　　　B. C语言与C++是兼容的

C. C++对C语言进行了一些改进　　　　D. C++和C语言都是面向对象的

4. C++程序从上机到得到结果的几个操作步骤依次是（　　　）。

A. 编译、编辑、连接、运行　　　　　　B. 编辑、编译、连接、运行

C. 编译、运行、编辑、连接　　　　　　D. 编辑、运行、编辑、连接

5. 下列符号中,正确的C++标识符是（　　　）。

A. enum　　　　　B. 2b　　　　　C. foo－9　　　　　D. _32

6. 下面的（　　　）保留字不能作为函数的返回类型。

A. void　　　　　B. int　　　　　C. new　　　　　D. long

7.有如下说明

int a[10]={1,2,3,4,5,6,7,8,9,10},*p=a;

则数值为 9 的表达式是(　　　)。

　　A.*p+9　　　　　　B.*(p+8)　　　　　　C.*p+=9　　　　D.p+7

8.若有函数调用 fun(a+b,3,max(n-1,b)),则 fun 的实参个数是(　　　)。

　　A.3　　　　　　　B.4　　　　　　　　C.5　　　　　　　D.6

9.下面标识符中正确的是(　　　)。

　　A._abc　　　　　　B.3ab　　　　　　　C.int　　　　　　D.+ab

10.下面选项中能用作用户自定义的标识符是(　　　)。

　　A.friend　　　　　　B.-var　　　　　　C.3Xyz-　　　　D.Float

11.C++语言的跳转语句中,对于 break 和 continue 说法正确的是(　　　)。

　　A.break 语句只应用于循环体中

　　B.continue 语句只应用于循环体中

　　C.break 是无条件跳转语句,continue 不是

　　D.break 和 continue 的跳转范围不够明确,容易产生问题

12.for(int x=0,y=0;!x&&y<=5;y++)语句执行循环的次数是(　　　)。

　　A.0　　　　　　　B.5　　　　　　　　C.6　　　　　　　D.无次数

13.考虑函数原型 void test(int a,int b=7,char c="*"),下面的函数调用中,属于不合法调用的是(　　　)。

　　A.test(5);　　　　B.test(5,8);　　　C.test(6,"#");　　D.test(0,0,"*");

14.下列关于函数的说法中,正确的是(　　　)。

　　A.C++允许在函数体中定义其他函数

　　B.所有的内联函数都要用 inline 说明

　　C.仅函数返回类型不同的同名函数不能作为重载函数使用

　　D.有默认值的参数应从左到右逐个定义

15.在 C++中,关于下列设置缺省参数值的描述中,(　　　)是正确的。

　　A.不允许设置缺省参数值

　　B.在指定了缺省值的参数右边,不能出现没有指定缺省值的参数

　　C.只能在函数的定义性声明中指定参数的缺省值

　　D.设置缺省参数值时,必须全部都设置

16.下列关于函数的说法不正确的是(　　　)。

　　A.函数是一个可反复使用的程序段

　　B.main()函数也可以做被调函数

　　C.函数参数的输入和输出统称为"函数间数据的传递"

　　D.从定义的角度来分,可分为用户函数和系统函数两类

17.下列关于函数调用的说法中不正确的是(　　　)。

　　A.函数可以嵌套调用

B. 函数可以与其他函数相互调用

C. main 函数可以与其他函数相互调用

D. 如果调用无参函数,则实参函数可以没有,但是括号不能省略

18. 以下叙述中不正确的是(   )。

A. 在一个函数中可以有多条 return 语句

B. 函数的定义不能嵌套,但函数的调用可以嵌套

C. 函数必须有返回值

D. 不同的函数中可以使用相同名字的变量

19. 在 C++ 中,数组类型属于(   )。

A. 基本数据类型   B. 自定义数据类型

C. 类类型   D. 结构体类型

20. 在一个被调用函数中,关于 return 语句使用的描述,(   )是错误的。

A. 被调用函数中可以不用 return 语句

B. 被调用函数中可以使用多个 return 语句

C. 被调用函数中,如果有返回值,就一定要有 return 语句

D. 被调用函数中,一个 return 语句可返回多个值给调用函数

21. 下列定义中,(   )是不合法的。

A. const int &s = 3;   B. int &s = 3;

C. int a = 4; int * const p = &a; a = 14;   D. int a = 4, b = 9;

                                              const int * p = &a;

                                              a = 14; p = &b;

22. 下列(   )的调用方式是引用调用。

A. 形参和实参都是变量   B. 形参是指针,实参是地址值

C. 形参是引用,实参是变量   D. 形参是变量,实参是地址值

23. 下列对引用的陈述中不正确的是(   )。

A. 每一个引用都是其所引用对象的别名,因此必须初始化

B. 形式上针对引用的操作实际上作用于它所引用的对象

C. 一旦定义了引用,一切针对其所引用对象的操作只能通过该引用间接进行

D. 不需要单独为引用分配存储空间

24. 下列语句中,错误的是(   )。

A. const int buffer = 256;   B. const double * point;

C. int const buffer = 256;   D. double * const point;

25. 假设已经有定义 const char * const name = "chen";,下面语句正确的是(   )。

A. name[3] = 'a';   B. cout << name[3];

C. name = new char[5];   D. name = "lin";

26. 关于 new 运算符的下列描述中,(   )是错误的。

A. 它可以用来动态创建对象和对象数组

B. 使用它创建的对象或对象数组可以使用运算符 delete 删除

C. 使用它创建对象时要调用构造函数

D. 使用它创建对象数组时必须指定初始值

27. 用 new 运算符创建一个含 10 个元素的一维整型数组的正确语句是（　　）。

A. int ＊p＝new a[10];　　　　　　　　　B. int ＊p＝new float[10];

C. int ＊p＝new int[10];　　　　　　　　D. int ＊p＝new int[10]＝{1,2,3,4,5};

28. 要使语句 p＝new int[10][20];能够正常执行,p 应被事先定义为（　　）。

A. int ＊p;　　　　　B. int ＊＊p;　　　　　C. int ＊p[20];　　　D. int(＊p)[20];

29. C＋＋语言中提供内存申请运算符（　　）,它能可靠地控制内存的分配。

A. delete　　　　　　B. new　　　　　　C. pos　　　　　　D. auto

30. 以下叙述中正确的是（　　）。

A. 使用♯define 可以为常量定义一个名字,该名字在程序中可以再赋另外的值

B. 使用 const 定义的常量名有类型之分,其值在程序运行时是不可改变的

C. 在程序中使用内联函数使程序的可读性变差

D. 在定义函数时,可以在形参表的任何位置给出缺省形参值

31. 关于封装,下列说法中不正确的是（　　）。

A. 通过封装,对象的全部属性和操作结合在一起,形成一个整体

B. 通过封装,一个对象的实现细节被尽可能地隐藏起来(不可见)

C. 通过封装,每个对象都成为相对独立的实体

D. 通过封装,对象的属性都是不可见的

32. 所谓数据封装,就是将一组数据和与这组数据有关的操作组装在一起,形成一个实体,这个实体也就是（　　）。

A. 类　　　　　　B. 对象　　　　　　C. 函数体　　　　　　D. 数据块

33. 下列特性中,（　　）不是面向对象程序设计的特性。

A. 封装性　　　　　B. 完整性　　　　　C. 多态性　　　　　D. 继承性

34. 类中定义的成员默认为（　　）访问属性。

A. public　　　　　B. private　　　　　C. protected　　　　D. friend

35. 以下关键字中,不能用来声明类的访问权限的是（　　）。

A. public　　　　　B. static　　　　　C. protected　　　　D. private

36. 在类作用域中,能够通过直接使用该类的（　　）成员名进行访问。

A. 私有　　　　　　B. 公用　　　　　　C. 保护　　　　　　D. 任何

37. 作用域分辨符是指（　　）。

A. ?:　　　　　　　　B. ::　　　　　　　C. ->　　　　　　D. &&

38. 下面关于类的对象的描述中,不正确的是（　　）。

A. 一个对象只能属于一个类

B. 对象是类的实例

C. 一个类只能有一个对象

D. 类和对象的关系与数据类型和变量的关系相似

39. 关于对象概念的描述中,(　　)是错误的。

A. 对象就是 C 语言中的结构变量

B. 对象代表着正在创建的系统中的一个实体

C. 对象是一个状态和操作(或方法)的封装体

D. 对象之间的信息传递是通过消息进行的

40. 若有如下声明:class A{int a;};则 a 是类 A 的(　　)。

A. 公有数据成员　　　　　　　　　B. 公有成员函数

C. 私有数据成员　　　　　　　　　D. 私有成员函数

41. 在类外定义成员函数时,需要在函数名前加上(　　)。

A. 对象名　　　　　　　　　　　　B. 类名

C. 作用域运算符　　　　　　　　　D. 类名和作用域运算符

42. 下列有关内联函数的叙述中,正确的是(　　)。

A. 内联函数在调用时发生控制转移

B. 内联函数必须通过关键字 inline 来定义

C. 内联函数是通过编译器来实现的

D. 内联函数体的最后一条语句必须是 return 语句

43. 下列存储类标识符中,要求通过函数来实现一种不太复杂的功能,并且要求加快执行速度,选用(　　)最合适。

A. 内联函数　　　　　　　　　　　B. 重载函数

C. 递归调用　　　　　　　　　　　D. 嵌套调用

44. 在声明类时,下面的说法正确的是(　　)。

A. 可以在类的声明中给数据成员赋初值

B. 数据成员的数据类型可以是 register

C. private,public,protected 可以按任意顺序出现

D. 没有用 private,public,protected 定义的数据成员是公有成员

45. 若需要把一个类外定义的成员函数指明为内联函数,则必须把关键字(　　)放在函数原型或函数头的前面。

A. in　　　　　　　B. inline　　　　　　C. inLine　　　　　　D. InLiner

46. 假定 AA 为一个类,a 为该类公有的数据成员,x 为该类的一个对象,则访问 x 对象中数据成员 a 的格式为(　　)。

A. x(a)　　　　　　B. x[a]　　　　　　C. x->a　　　　　　D. x. a

47. 假定 AA 为一个类,a 为该类公有的数据成员,若要在该类的一个成员函数中访问它,则书写格式为(　　)。

A. a　　　　　　　B. AA::a　　　　　　C. a()　　　　　　D. AA::a()

48. 假定 AA 是一个类,abc 是该类的一个成员函数,则参数表中隐含的第一个参数的类型为(　　)。

A. int   B. char   C. AA   D. AA *

49. 假定 AA 是一个类,abc 是该类的一个成员函数,则参数表中隐含的第一个参数为（   ）。

A. abc   B. * this   C. this   D. this&

50. 当类中一个字符指针成员指向具有 n 个字节的存储空间时,它所能存储字符串的最大长度为(   )。

A. n   B. n+1   C. n-1   D. n-2

自测卷 2 静态成员与友元自测

自测成绩：_____

一、选择题(每题 2 分,共 50 分)

1.静态数据成员在类内说明时前面要加上关键字(   )。

A. static   B. private   C. public   D. quiet

2.下述静态数据成员的特征中,(   )是错误的。

A.说明静态数据成员时,前边要加修饰符 static

B.静态数据成员要在类体外进行初始化

C.引用静态数据成员时,要在静态数据成员名前加<类名>和作用域运算符

D.静态数据成员不是所有对象所共用的

3.下面对静态数据成员的描述中,正确的是(   )。

A.类的不同对象有不同的静态数据成员值

B.类的每个对象都有自己的静态数据成员

C.静态数据成员是类的所有对象共享的数据

D.静态数据成员不能通过类的对象调用

4.下面有关静态数据成员的描述中,(   )是错误的。

A. 说明静态数据成员时,要在前面加修饰符 static

B. 静态数据成员要在类体外进行初始化,并在前面加 static

C. 引用静态数据成员时,可以在静态数据成员名前加上"类名∷";

D. 静态数据成员是所在类的所有对象所共享的

5.一个类的静态数据成员所表示的属性(   )。

A.是类的或对象的属性   B.只是对象的属性

C.只是类的属性   D.类和友元的属性

6.类的静态成员的访问控制(   )。

A.只允许被定义为 private

B.只允许被定义为 private 或 protected

C.只允许被定义为 public

D.可允许被定义为 private、protected 或 public

7.静态数据成员的初始化是在(   )中进行的。

A. 构造函数   B. 任何成员函数   C. 所属类   D. 全局区

8.下面有关静态成员函数的描述中,正确的是(   )。

A.在静态成员函数中可以使用 this 指针

B.在建立对象前,就可以为静态数据成员赋值

C.静态成员函数在类外定义时,要用 static 前缀

D. 静态成员函数只能在类外定义

9. 静态成员函数对类的数据成员访问（　　　）。

A. 是不允许的

B. 只允许是静态数据成员

C. 只允许是非静态数据成员

D. 可允许是静态数据成员或非静态数据成员

10. 被非静态成员函数访问的类的数据成员（　　　）。

A. 可以是非静态数据成员或静态数据成员

B. 不可能是类的静态数据成员

C. 只能是类的非静态数据成员

D. 只能是类的静态数据成员

11. 友元的作用是（　　　）。

A. 提高程序的运行效率　　　　　　　B. 加强类的封装性

C. 实现数据的隐藏性　　　　　　　　D. 增加成员函数的种类

12. 引入友元的主要目的是（　　　）。

A. 增强数据安全性　　　　　　　　　B. 提高程序的可靠性

C. 提高程序的效率和灵活性　　　　　D. 保证类的封装性

13. 一个类的友元函数可以访问该类的（　　　）。

A. 私有成员　　　　　　　　　　　　B. 公有成员

C. 保护成员　　　　　　　　　　　　D. 私有成员、公有成员和保护成员

14. 下列的各类函数中，（　　　）不是类的成员函数。

A. 构造函数　　　　　　　　　　　　B. 析构函数

C. 友元函数　　　　　　　　　　　　D. 拷贝初始化构造函数

15. 下面对于友元函数描述正确的是（　　　）。

A. 友元函数的实现必须在类的内部定义　B. 友元函数是类的成员函数

C. 友元函数破坏了类的封装性和隐藏性　D. 友元函数不能访问类的私有成员

16. 下面关于友元函数的描述中正确的是（　　　）。

A. 友元函数能访问类的所有成员　　　B. 友元函数是类的成员

C. 只有函数才能声明为另一个的友元　D. 友元函数能访问类的私有成员

17. 下面关于友元的说法中，错误的是（　　　）。

A. 友元函数可以访问类中的所有数据成员

B. 友元函数不可以在类内部定义

C. 友元类的所有成员函数都是另一个类友元函数

D. 友元函数必须声明在 public 区

18. 下面关于友元的概念描述中，错误的是（　　　）。

A. 友元函数没有 this 指针

B. 调用友元函数时必须在它的实参中给出要访问的对象

C. 一个类的成员函数也可以作为另一个类的友元函数

D. 只能在类的公有段声明友元

19. 下面有关友元函数的描述中,正确的说法是(　　　)。

A. 友元函数是独立于当前类的外部函数

B. 一个友元函数不可以同时定义为两个类的友元函数

C. 友元函数必须在类的外部进行定义

D. 在类的外部定义友元函数时,必须加关键字 friend

20. 当将一个类 A 或函数 f()说明为另一个类 B 的友元后,类 A 或函数 f()能够直接访问类 B 的(　　　)。

A. 只能是公有成员　　　　　　　　B. 只能是保护成员

C. 只能是除私有成员之外的任何成员　　D. 具有任何权限的成员

21. 一个类的成员函数也可以成为另一个类的友元函数,这时的友元说明(　　　)。

A. 需加上类域的限定　　　　　　　B. 不需加上类域的限定

C. 类域的限定可加可不加　　　　　D. 不需要任何限定

22. 下列关于友元的说法中,错误的是(　　　)。

A. 类的友元函数可以访问类的所有成员

B. 类的友元函数只能访问类的私有成员

C. 类 A 是类 B 的友元类,则 A 的所有成员函数可访问 B 的任何成员

D. 类的友元函数不属于类

23. 下列关于 this 指针的叙述中,正确的是(　　　)。

A. 任何与类相关的函数都有 this 指针

B. 类的成员函数都有 this 指针

C. 类的友元函数都有 this 指针

D. 类的非静态成员函数才有 this 指针

24. 一个类的友元不是该类的成员,与该类的关系密切,所以它(　　　)。

A. 有 this 指针,有默认操作的对象

B. 没有 this 指针,可以有默认操作的对象

C. 有 this 指针,不能执行默认操作

D. 没有 this 指针,也就没有默认操作的对象

25. 友元关系不能(　　　)。

A. 继承　　　　　　　　　　　　　B. 是类与类的关系

C. 是一个类的成员函数与另一个类的关系　D. 提高程序的运行效率

二、判断题(每题 1 分,共 10 分)

1. 类的静态数据成员需要在定义每个类的对象时进行初始化。(　　　)

2. 当将一个类 S 定义为另一个类 A 的友元类时,类 S 的所有成员函数都可以直接访问类 A 的所有成员。(　　　)

3. 静态成员函数可以引用属于该类的任何函数成员。(　　　)

4. 友元函数是在类声明中由关键字 friend 修饰说明的类的成员函数。（　　）

5. 友元函数访问对象中的成员可以不通过对象名。（　　）

6. 静态数据成员的初始化必须在构造函数内。（　　）

7. 在静态成员函数中可以访问非静态成员。（　　）

8. 静态成员函数能够直接访问类的静态数据成员，只能通过对象名访问类的非静态数据成员。（　　）

9. 静态数据成员必须在所有函数的定义体外进行初始化。（　　）

10. 一个类的成员函数也可以成为另一个类的友元函数，这时的友元说明必须在函数名前加上类域的限定。（　　）

三、写出程序运行结果(每题 4 分，共 40 分)

1. 下列程序的输出结果是_____。

```cpp
#include<iostream>
using namespace std;
class E
{
    private:
        int x;
        static int y;
    public:
        E(int a) {x=a;y+=x;}
    void Show()
    {cout<<x<<','<<y<<endl;}
};
int E::y=100;
int main()
{
    E e1(10),e2(50);
    e1. Show();
    return 0;
}
```

2. 下列程序的输出结果是_____。

```cpp
#include <iostream>
using namespace std;
class Sample
{
    public:
        static int i;
```

```
    Sample(int i) {this->i+=i;}
    void set(int x) {i=x;}
};
int Sample::i=10;
int main()
{
    Sample s(10);
    Sample::i+=100;
    cout<<s.i;
    return 0;
}
```

3. 下列程序的输出结果是＿＿＿＿。

```
#include<iostream>
using namespace std;
class  A
{
    static int x;
    public:
      A (int a) {x=a;}
    static void setx(int a) {x+=a;}
    void disp() {cout<<x;}
};
int A::x=0;
int main()
{
    A a(10);
    A::setx(100);
    a.disp();
    return 0;
}
```

4. 下列程序的输出结果是＿＿＿＿。

```
#include<iostream>
using namespace std;
class Sample
{
    Sample() {x=0;}
    Sample(Sample& ) { }
```

```
    int x;
    static int B;
    public:
        static Sample * GetObj()
        {
            static Sample s;
            return & s;
        }
        void set(int i) {x+=i;}
        void print() {cout<<x;}
};
int main()
{
    Sample * s1= Sample::GetObj();
    s1->set(10);
    Sample * s2= Sample::GetObj();
    s2->set(20);
    s1-> print();
    return 0;
}
```

5.下列程序的输出结果是_____。

```
#include<iostream>
using namespace std;
class Sample
{
    int n;
    public:
        Sample(int i) {n=i;}
    friend int add(Sample& s1,Sample& s2);
};
int add(Sample& s1,Sample& s2)
{
    return s1.n+s2.n;
}
int main()
{
    Sample s1(2),s2(5);
```

```
    cout<<add(s1,s2)<<endl;
    return 0;
}
```

6. 下列程序的输出结果是_____。

```
#include <iostream>
using namespace std;
class E
{
    private:
        static int x;
    public:
        E(int i) {x +=i;}
    friend void setx(int a);
    void disp() {cout<<x;}
};
void setx(int a) {E::x+=a;}
int E::x=0;
int main()
{
    E e1(10),e2(100);
    setx(30);
    e2.disp();
    return 0;
}
```

7. 下列程序的输出结果是_____。

```
#include<iostream>
using namespace std;
class A;
class B
{
    int i;
    public:
        B(int x) {i=x;}
    friend A;
};
class A
{
```

```
    int i;
    public:
       int set(B&);
    int get(){return i;}
    A(int x) {i=++x;}
};
int A::set(B& b) {return i+=b.i;}
int main()
{
    A a(1);
    B b(2);
    cout<<a.get()<<",";
    a.set(b);
    cout<<a.get()<<endl;
    return 0;
}
```

8. 下列程序的输出结果是_____。

```
#include<iostream>
using namespace std;
class Sample
{
    char ch1,ch2;
    public:
       friend void set(Sample&,char);
       friend void set(Sample&,char,char);
    void print1()
    {
       cout<<ch1<<endl;
    }
    void print2()
    {
       cout<<ch1<<","<<ch2<<endl;
    }
};
void set(Sample& s,char c)
{
    s.ch1=c;
```

```cpp
}
void set(Sample&s,char c1,char c2)
{
    s. ch1=c1; s. ch2=c2;
}


int main()
{
    Sample obj;
    set(obj,'a');
    obj. print1();
    set(obj,'b','c');
    obj. print2();
    return 0;
}
```

9. 下列程序的输出结果是_____。

```cpp
#include<iostream>
using namespace std;
class Sample
{
    int A;
    static int B;
    public:
        Sample(int a) {A=a;B+=a;}
    static void func(Sample&s);
};
void Sample ::func(Sample&s)
{
    cout<<"A="<<s. A<<"B="<<B<<endl;
}
int Sample ::B=0;
int main()
{
    Sample s1(2),s2(5);
    Sample ::func(s1);
    Sample ::func(s2);
    return 0;
}
```

10．下列程序的输出结果是_____。

```cpp
#include<iostream>
using namespace std;
class Sample
{
    intx;
    public:
        Sample() { }
        void setx(int i) {x=i;}
        friend intfun(Sample B[ ],int n)
        {
            int m=0;
            for (int i=0;i<n;i++)
            if (B[i].x>m)    m=B[i].x;
            return m;
        }
};
int main()
{
    Sample A[10];
    int Arr[ ]={90,87,42,78,97,84,60,55,78,65};
    for (int i=0;i<10;i++)
        A[i].setx(Arr[i]);
    cout<<fun(A,10)<<endl;
    return 0;
}
```

自测卷3　运算符重载自测

自测成绩：＿＿＿＿＿＿

本卷 50 道选择题，每题 2 分，共 100 分。

1. 关于运算符重载，下列说法中正确的是(　　)。

　A. 所有的运算符都可以重载

　B. 通过重载，可以使运算符应用于自定义的数据类型

　C. 通过重载，可以创造原来没有的运算符

　D. 通过重载，可以改变运算符的优先级

2. 下列运算符中，(　　) 运算符在 C++ 中不能重载。

　A. ＝　　　　　　B. ()　　　　　　　C. ::　　　　　　　D. delete

3. 下列运算符中，(　　) 运算符在 C++ 中不能重载。

　A. ?:　　　　　　B. []　　　　　　　C. new　　　　　　D. &&

4. 在成员函数中进行双目运算符重载时，其参数表中应带有(　　)个参数。

　A. 0　　　　　　B. 1　　　　　　　C. 2　　　　　　　D. 3

5. 双目运算符重载为普通函数时，其参数表中应带有(　　)个参数。

　A. 0　　　　　　B. 1　　　　　　　C. 2　　　　　　　D. 3

6. 在重载一个运算符时，其参数表中没有任何参数，这表明该运算符是(　　)。

　A. 作为友元函数重载的一元运算符

　B. 作为成员函数重载的一元运算符

　C. 作为友元函数重载的二元运算符

　D. 作为成员函数重载的二元运算符

7. 下列关于 C++ 运算符函数的返回类型的描述中，错误的是(　　)。

　A. 可以是类类型　　　　　　　　　B. 可以是 int 类型

　C. 可以是 void 类型　　　　　　　 D. 可以是 float 类型

8. 下列关于运算符重载的叙述中，错误的是(　　)。

　A. 有的运算符可以作为非成员函数重载

　B. 所有的运算符都可以通过重载而被赋予新的含义

　C. 不得为重载的运算符函数的参数设置默认值

　D. 有的运算符只能作为成员函数重载

9. 下面各项中属于不可重载的一组运算符是(　　)。

　A. ＋，－，＊(乘号)，/　　　　　　B. []，()

　C. ::，.，?:，sizeof，.＊(成员指针)　　D. ++，－－

10. 下列选项中，不能重载的运算符是(　　)。

　A. new　　　　　　B. sizeof　　　　　C. ＊(乘号)　　　　D. ++

11.下面有关重载函数的说法中,正确的是(　　)。

A.重载函数必须具有不同的返回值类型

B.重载函数形参个数必须不同

C.重载函数必须有不同的形参列表

D.重载函数名可以不同

12.下列关于运算符重载的说法中,不正确的是(　　)。

A.重载不能改变运算符的优先级,但可以通过加括号的方式改变其计算顺序

B.重载不能改变运算符的结合律和操作数的个数

C.能够创建新的运算符,并非只有现有的运算符才能被重载

D.运算符重载不能改变运算符用于内部类型对象时的含义,它只能和用户自定义的类型的对象一起使用,或者用于用户自定义类型的对象和内部类型的对象混合使用时

13.下列关于运算符重载的叙述中,错误的是(　　)。

A.∷运算符不能重载

B.类型转换运算符只能作为成员函数重载

C.将运算符作为非成员函数重载时必须定义为友元

D.重载[ ]运算符应完成"下标访问"操作

14.下列关于赋值运算符"＝"重载的叙述中,正确的是(　　)。

A.赋值运算符只能作为类的成员函数重载

B.默认的赋值运算符实现了"深层复制"功能

C.重载的赋值运算符函数有两个本类对象作为形参

D.如果已经定义了复制(拷贝)构造函数,就不能重载赋值运算符

15.关于运算符重载,下列表述中正确的是(　　)。

A.C++已有的任何运算符都可以重载

B.运算符函数的返回类型不能声明为基本数据类型

C.在类型转换符函数的定义中不需要声明返回类型

D.可以通过运算符重载来创建C++中原来没有的运算符

16.关于运算符重载,下列说法中正确的是(　　)。

A.重载时,运算符的优先级可以改变

B.重载时,运算符的结合性可以改变

C.重载时,运算符的功能可以改变

D.重载时,运算符的操作数个数可以改变

17.关于运算符重载,下列说法中正确的是(　　)。

A.所有的运算符都可以重载

B.通过重载,可以使运算符应用于自定义的数据类型

C.通过重载,可以创造原来没有的运算符

D.通过重载,可以改变运算符的优先级

18.下列关于运算符重载的描述中,错误的是(　　)。

A.可以通过运算符重载在C++中创建新的运算符

B.赋值运算符只能重载为成员函数

C.运算符函数重载为类的成员函数时,第一操作数是该类对象

D.重载类型转换运算符时不需要声明返回类型

19.下列关于运算符重载的描述中,(　　)是正确的。

A.可以改变参与运算的操作数个数　　　　B.可以改变运算符原来的优先级

C.可以改变运算符原来的结合性　　　　　D.不能改变原运算符的语义

20.不能用友元函数重载的是(　　)。

A. =　　　　　　　B. ==　　　　　　　C. +=　　　　　　　D. !=

21.下列运算符只能用友元函数重载的是(　　)。

A. <<,>>　　　　B. new,delete　　　C. ++,--　　　　D. ,

22.下列运算符能被重载的是(　　)。

A. ::　　　　　　B. ? :　　　　　　　C. .　　　　　　　D. %

23.下列运算符中,不能用友元函数重载的是(　　)运算符。

A. +　　　　　　　B. =　　　　　　　C. *　　　　　　　D. <<

24.下列(　　)运算符在C++中必须重载为类成员函数形式。

A. +　　　　　　　B. ++　　　　　　　C. ->　　　　　　D. *

25.下面关于运算符重载的说法中,错误的是(　　)。

A.可以对C++所有运算符进行重载

B.运算符重载保持固有的结合性和优先级顺序

C.运算符重载不能改变操作数的个数

D.在运算符函数中,不能使用缺省的参数值

26.下列叙述中正确的是(　　)。

A.运算符重载函数只能是一个成员函数

B.运算符重载函数既可以是一个成员函数,也可以是友元函数

C.运算符重载函数只能是一个非成员函数

D.运算符重载函数只能是友元函数

27.下列叙述中不正确的是(　　)。

A.利用成员函数重载二元运算符时,参数表中的参数必须为两个

B.利用成员函数重载二元运算符时,成员函数的this指针所指向的对象作为运算符的左操作数

C.利用成员函数重载二元运算符时,参数表中的参数作为此运算符的右操作数

D.运算符重载时不能改变运算符的语法结构

28.为了区分一元运算符的前缀和后缀运算,在后缀运算符进行重载时,额外添加一个参数,其类型是(　　)。

A. void　　　　　B. char　　　　　　C. int　　　　　　D. float

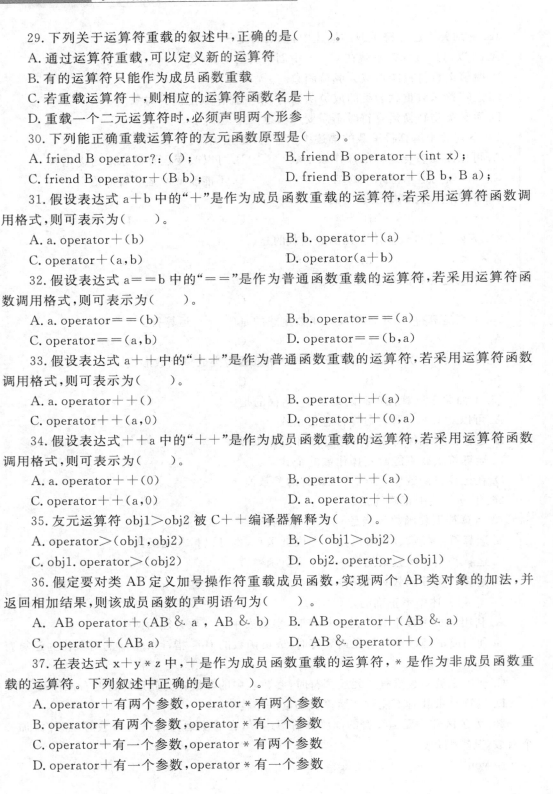

29. 下列关于运算符重载的叙述中,正确的是(   )。

A. 通过运算符重载,可以定义新的运算符

B. 有的运算符只能作为成员函数重载

C. 若重载运算符＋,则相应的运算符函数名是＋

D. 重载一个二元运算符时,必须声明两个形参

30. 下列能正确重载运算符的友元函数原型是(   )。

A. friend B operator?：（）;   B. friend B operator＋(int x);

C. friend B operator＋(B b);   D. friend B operator＋(B b，B a);

31. 假设表达式 a＋b 中的"＋"是作为成员函数重载的运算符,若采用运算符函数调用格式,则可表示为(   )。

A. a. operator＋(b)   B. b. operator＋(a)

C. operator＋(a,b)   D. operator(a＋b)

32. 假设表达式 a＝＝b 中的"＝＝"是作为普通函数重载的运算符,若采用运算符函数调用格式,则可表示为(   )。

A. a. operator＝＝(b)   B. b. operator＝＝(a)

C. operator＝＝(a,b)   D. operator＝＝(b,a)

33. 假设表达式 a＋＋中的"＋＋"是作为普通函数重载的运算符,若采用运算符函数调用格式,则可表示为(   )。

A. a. operator＋＋()   B. operator＋＋(a)

C. operator＋＋(a,0)   D. operator＋＋(0,a)

34. 假设表达式 ＋＋a 中的"＋＋"是作为成员函数重载的运算符,若采用运算符函数调用格式,则可表示为(   )。

A. a. operator＋＋(0)   B. operator＋＋(a)

C. operator＋＋(a,0)   D. a. operator＋＋()

35. 友元运算符 obj1＞obj2 被 C＋＋编译器解释为(   )。

A. operator＞(obj1,obj2)   B. ＞(obj1＞obj2)

C. obj1. operator＞(obj2)   D. obj2. operator＞(obj1)

36. 假定要对类 AB 定义加号操作符重载成员函数,实现两个 AB 类对象的加法,并返回相加结果,则该成员函数的声明语句为(   )。

A. AB operator＋(AB ＆ a，AB ＆ b)   B. AB operator＋(AB ＆ a)

C. operator＋(AB a)   D. AB ＆ operator＋()

37. 在表达式 x＋y＊z 中,＋是作为成员函数重载的运算符,＊是作为非成员函数重载的运算符。下列叙述中正确的是(   )。

A. operator＋有两个参数,operator＊有两个参数

B. operator＋有两个参数,operator＊有一个参数

C. operator＋有一个参数,operator＊有两个参数

D. operator＋有一个参数,operator＊有一个参数

38. 重载赋值运算符时,应声明为( )函数。

A. 友元　　　　　　B. 虚　　　　　　C. 成员　　　　　　D. 多态

39. 在一个类中可以对一个操作符进行( )重载。

A. 1 种　　　　　　B. 2 种　　　　　　C. 3 种以上　　　　D. 多种

40. 在重载一个运算符时,其参数表中没有任何参数,则不可能的情况是( )。

A. 该运算符是一个单目运算符　　　　　B. 该运算符函数有一个隐含的参数 this

C. 该运算符是类的成员函数　　　　　　D. 该运算符是类的友员函数

41. 下面关于函数调用运算符的说法中正确的是( )。

A. 重载函数调用运算符只能说明为类的非静态成员函数

B. 重载了的函数调用运算符不可以带多个形参,只能带缺省参数

C. 重载函数调用运算符的作用与重载函数的作用相同

D. 重载函数的一般格式为:类名::operator();

42. 下面有关重载函数的说法中,正确的是( )。

A. 重载函数必须具有不同的返回值类型

B. 重载函数形参个数必须不同

C. 重载函数必须有不同的形参列表

D. 重载函数名可以不同

43. 下列运算不能重载为友元函数的是( )。

A. = ( ) [ ] ->　　　　　　　　　B. + − ++ −−

C. > < <> = <=　　　　　　　　　D. += −= *= /=

44. 采用重载函数的目的是( )。

A. 实现共享　　　　　　　　　　B. 减少空间

C. 提高速度　　　　　　　　　　D. 使用方便,提高可读性

45. 不能作为函数重载判断的依据的是( )。

A. 返回类型　　　　B. const　　　　C. 参数个数　　　　D. 参数类型

46. 函数重载是指( )。

A. 两个或两个以上的函数取相同的函数名,但形参的个数或类型不同

B. 两个以上的函数取相同的名字且具有相同的参数个数,但形参的类型可以不同

C. 两个以上的函数名字不同,但形参的个数或类型相同

D. 两个以上的函数取相同的函数名并且函数的返回类型相同

47. 关于插入运算符<<的重载,下列说法中不正确的是( )。

A. 运算符函数的返回值类型是 ostream

B. 重载的运算符必须定义为类的成员函数

C. 运算符函数的第一个参数的类型是 ostream

D. 运算符函数有两个参数

48. 下列说法中不正确的是( )。

A. 多数运算符可以重载,个别运算符不能重载,运算符重载是通过函数定义实现的

B. 对每个可重载的运算符来讲,它既可以重载为友元函数,又可以重载为成员函数

C. 双目运算符重载为成员函数时,一个运算对象由 this 指针给出,另一个运算对象通过重载运算符的形参传递

D. 重载运算符为成员函数和友元函数时的关键区别在于成员函数具有 this 指针,而友元函数没有 this 指针

49. 为了实现两个复数类对象 c1,c2 相加,即 c1+c2,下面的语句中正确的是( )。

A. class Complex {Complex operator+();}

B. class Complex {Complex operator+(Complex &);}

C. class Complex {Complex operator+(Complex,Complex);}

D. Complex operator+(Complex &);

50. 在重载一个运算符时,其参数表中没有任何参数,这表明该运算符是( )。

A. 作为友元函数重载的一元运算符

B. 作为成员函数重载的一元运算符

C. 作为友元函数重载的二元运算符

D. 作为成员函数重载的二元运算符

自测卷 4   构造函数自测

自测成绩：_____

一、选择题(每题 2 分,共 80 分)

1. 下列关于构造函数的说法中,正确的是( )。

A. 构造函数不能重载   B. 构造函数中可以使用指针 this

C. 构造函数的返回值类型为 void   D. 用户必须为定义的类提供构造函数

2. 下列关于构造函数的说法中,不正确的是( )。

A. 构造函数必须与类同名

B. 构造函数可以省略不写

C. 构造函数必须有返回值

D. 在构造函数中可以对类中的成员进行初始化

3. 下面是关于构造函数的说法,不正确的是( )。

A. C++规定,每一个类必须有一个构造函数,没有构造函数就不能创建对象

B. 如果没有提供一个类的构造函数,则 C++提供一个默认的构造函数,该默认构造函数是个无参构造函数,它仅仅负责创建对象

C. 虽然一个类定义了一个构造函数(不一定是无参构造函数),C++仍然提供默认的构造函数

D. 与变量定义类似,在用默认构造函数创建对象时,如果创建的是全局对象或静态对象,则对象的位模式全为 0,否则,对象值是随机的

4. 以下有关构造函数的说法,正确的是( )。

A. 一个类的构造函数可以有多个

B. 构造函数在类定义时被调用

C. 构造函数只能用对象中的其他方法调用

D. 构造函数可以和类同名,也可以和类名不同

5. 关于构造函数的说法,正确的是( )。

A. 一个类只能有一个构造函数

B. 一个类可以有多个不同名的构造函数

C. 构造函数与类同名

D. 构造函数必须自己定义,不能使用父类的构造函数

6. 下列关于构造函数的描述中,正确的是( )。

A. 构造函数可以声明返回类型   B. 构造函数不可以用 private 修饰

C. 构造函数必须与类名相同   D. 构造函数不能带参数

7. 下列特点中不属于构造函数特点的是( )。

A. 构造函数的函数名必须与类名相同   B. 构造函数可以重载

C. 构造函数必须有返回值   D. 构造函数在对象创建时,自动执行

8. 关于析构函数,下面说法中不正确的是(   )。

A. 析构函数用来完成对象被删除前的一些清理工作

B. 析构函数可以声明为重载函数

C. 析构函数可以声明为虚函数

D. 析构函数在对象的生存期即将结束时被系统自动调用

9. 拷贝构造函数的参数必须是(   )。

A. 某个对象名的成员函数名   B. 某个对象的数据成员名

C. 某个对象的引用名   D. 某个对象的指针名

10. 一个类可以有多个构造函数,这些构造函数之间的关系是(   )。

A. 重载   B. 重复   C. 拷贝   D. 覆盖

11. 下列关于析构函数的说法中不正确的是(   )。

A. 一个类有且仅有一个析构函数   B. 析构函数可以有形参

C. 析构函数没有函数类型   D. 析构函数在类的对象消失时被自动执行

12. 类的构造函数可以带有(   )个参数。

A. 0   B. 1   C. 2   D. 任意

13. 类的析构函数可以带有(   )个参数。

A. 0   B. 1   C. 2   D. 任意

14. (   )是析构函数的特征。

A. 一个类中只能定义一个析构函数   B. 析构函数与类名不同

C. 析构函数的定义只能在类体内   D. 析构函数可以有一个或多个参数

15. 对于一个类的析构函数,其函数名与类名(   )。

A. 完全相同   B. 完全不同

C. 只相差一个字符   D. 无关系

16. 类的构造函数是在定义该类的一个(   )时被自动调用执行的。

A. 成员函数   B. 数据成员   C. 对象   D. 友元函数

17. 类的析构函数是一个对象被(   )时自动调用的。

A. 建立   B. 撤销   C. 赋值   D. 引用

18. 一个类的析构函数通常被定义为该类的(   )成员。

A. 私有   B. 保护   C. 公用   D. 友元

19. 一个 C++类(   )。

A. 只能有一个构造函数和一个析构函数

B. 可以有一个构造函数和多个析构函数

C. 可以有多个构造函数和一个析构函数

D. 可以有多个构造函数和多个析构函数

20. 当一个类对象离开它的作用域时,系统自动调用该类的(   )。

A. 无参构造函数   B. 带参构造函数   C. 拷贝构造函数   D. 析构函数

21.假定一个类对象数组为 A[n],当离开它定义的作用域时,系统自动调用该类析构函数的次数为(　　　)。

A. 0　　　　　　　　　B. 1　　　　　　　　　C. n　　　　　　　　　D. n—1

22.对类对象成员的初始化是通过构造函数中给出的(　　　)实现的。

A.函数体　　　　　　　　　　　　　　　B.初始化表

C.参数表　　　　　　　　　　　　　　　D.初始化表或函数体

23.假定 AB 为一个类,则执行 AB x;语句时将自动调用该类的(　　　)。

A.带参构造函数　　　　　　　　　　　　B.无参构造函数

C.拷贝构造函数　　　　　　　　　　　　D.赋值重载函数

24.假定 AB 为一个类,则执行 AB x(a,5);语句时将自动调用该类的(　　　)。

A.带参构造函数　　　　　　　　　　　　B.无参构造函数

C.拷贝构造函数　　　　　　　　　　　　D.赋值重载函数

25.假定 AB 为一个类,则执行 AB * s＝new AB(a,5);语句时得到的一个动态对象为(　　　)。

A. s　　　　　　　B. s—>a　　　　　　C. s.a　　　　　　D. * s

26.假定 AB 为一个类,则执行 AB r1＝r2;语句时将自动调用该类的(　　　)。

A.无参构造函数　　　　　　　　　　　　B.带参构造函数

C.赋值重载函数　　　　　　　　　　　　D.拷贝构造函数

27.假定 AB 为一个类,则(　　　)为该类的拷贝构造函数的原型说明。

A. AB(AB x);　　　B. AB(int x);　　　C. AB(AB& x);　　　D. void AB(AB& x);

28.下列情况中,不会调用拷贝构造函数的是(　　　)。

A.用一个对象去初始化同一类的另一个新对象时

B.将类的一个对象赋值给该类的另一个对象时

C.函数的形参是类的对象,调用函数进行形参和实参结合时

D.函数的返回值是类的对象,函数执行返回调用时

29.假定一个类的构造函数为 B(int x,int y){a＝x— —;b＝a * y— —;},那么执行 B x(3,5);语句后,x.a 和 x.b 的值分别为(　　　)。

A.3 和 5　　　　　　B.5 和 3　　　　　　C.3 和 15　　　　　　D.20 和 5

30.若需要使类中的一个指针成员指向一块动态存储空间,通常是在(　　　)函数中完成。

A. 析构　　　　　　B. 构造　　　　　　C. 任一成员　　　　　　D. 友元

31.当类中的一个整型指针成员指向一块具有 n * sizeof(int)大小的存储空间时,它最多能够存储(　　　)个整数。

A. n　　　　　　　B. n+1　　　　　　C. n—1　　　　　　D. 1

32.假定一个类的构造函数为 A(int aa, int bb) {a＝aa; b＝aa * bb;},那么执行 A x(4,5);语句后,x.a 和 x.b 的值分别为(　　　)。

A. 4 和 5　　　　　　B. 5 和 4　　　　　　C. 4 和 20　　　　　　D. 20 和 5

33. 假定 AB 为一个类,则( )为该类的拷贝构造函数的原型说明。

A. AB(AB x);   B. AB(AB& x);

C. void AB(AB& x);   D. AB(int x);

34. 假定一个类的构造函数为 B(int ax, int bx): a(ax), b(bx) {},执行 B x(1,2),y(3,4);x=y;语句序列后,x.a 的值为( )。

A. 1   B. 2   C. 3   D. 4

35. 假定一个类 AB 只含有一个整型数据成员 a,用户为该类定义的带参构造函数可以为( )。

A. AB() {}   B. AB(): a(0){}

C. AB(int aa=0) {a=aa;}   D. AB(int aa) {}

36. 设 px 是指向一个类对象的指针变量,则执行 delete px;语句时,将自动调用该类的( )。

A. 无参构造函数   B. 带参构造函数   C. 析构函数   D. 拷贝构造函数

37. 假定 AB 为一个类,则执行 AB a[10];语句时调用该类无参构造函数的次数为( )。

A. 0   B. 1   C. 9   D. 10

38. 假定 AB 为一个类,则执行 AB * px=new AB[n];语句时调用该类无参构造函数的次数为( )。

A. n   B. n−1   C. 1   D. 0

39. 假定 AB 为一个类,则执行 AB a,b(3), * p;语句时共调用该类构造函数的次数为( )。

A. 2   B. 3   C. 4   D. 5

40. 假定 AB 为一个类,则执行 AB * p=new AB(1,2);语句时共调用该类构造函数的次数为( )。

A. 0   B. 1   C. 2   D. 3

二、程序运行题(每题 4 分,共 20 分)

1. 已知类 AA 和 BB 的定义如下:

```
#include <iostream>
using namespace std;
class AA
{
  public:
    AA(){cout<<'0';}
    ~AA(){cout<<'1';}
};
class BB
{
```

```
    public：
        BB(){cout<<'2';}
        ~BB(){cout<<'3';}
};
```
且有如下主函数定义：
```
int main()
{
    AA a;
    BB b;
    return 0；
}
```
运行后的输出结果是_____。

2. 已知类 MyClass 的定义如下：
```
＃include <iostream>
using namespace std；
class MyClass
{
    public：
        ~MyClass (){cout<<'C';}
    private：
        char name[80]；
};

int main()
{
    MyClass a, * b,d[2]；
    return 0；
}
```
运行后的输出结果是_____。

3. 已知类 MyClass 的定义如下：
```
＃include <iostream>
using namespace std；
class MyClass
{
    public：
        MyClass (){cout<<'M';}
        MyClass (MyClass& A){cout<<'X';}
```

```
~MyClass (){cout<<'Y';}
};
```

且有如下主函数定义：

```
int main()
{
    MyClass a;
    MyClass b(a);
    return 0;
}
```

运行后的输出结果是_____。

4.已知类 CC 和函数 test 的定义如下：

```
#include <iostream>
using namespace std;
class CC
{
    public:
        CC(){cout<<'1';}
        ~CC(){cout<<'0';}
};
    void test(CC c) {cout<<'2';}
```

且有如下主函数定义：

```
int main()
{
    CC c;
    test(c);
    return 0;
}
```

运行后的输出结果是_____。

5.已知类 AA 和 BB 的定义如下：

```
#include <iostream>
using namespace std;
class AA
{
    public:
        AA(){cout<<'1';}
};
class BB :public AA    //公有继承
```

```
    {
        int k;
        public:
            BB():k(0){cout<<'2';}
            BB(int n):k(n){cout<<'3';}
    };
```

且有如下主函数定义:

```
    int main()
    {
        BB b(4),c;
        return 0;
    }
```

运行后的输出结果是_____。

自测卷 5　继承与派生自测

自测成绩：_____

一、选择题(每题 2 分,共 90 分)

1. 使用派生类的主要原因是( )。

A. 提高代码的可重用性　　　　　　　B. 提高程序的运行效率

C. 加强类的封装性　　　　　　　　　D. 实现数据的隐藏

2. 在 C++中,继承方式有 ( ) 种。

A. 1　　　　　B. 2　　　　　C. 3　　　　　D. 4

3. 下列不属于 C++规定的类继承方式的是( )。

A. protective　　B. private　　C. protected　　D. public

4. 下列不属于 C++规定的派生类对基类的继承方式的是( )。

A. private　　B. public　　C. static　　D. protected

5. 下面不属于 C++规定的类的继承方式的是( )。

A. public　　B. private　　C. operator　　D. protected

6. 下面各项中不属于派生新类范畴的是( )。

A. 吸收基类的成员　　　　　　　　　B. 改造基类的成员

C. 删除基类的成员　　　　　　　　　D. 添加新成员

7. 在派生新类的过程中,( )。

A. 基类的所有成员都被继承

B. 只有基类的构造函数不被继承

C. 只有基类的析构函数不被继承

D. 基类的构造函数和析构函数都不被继承

8. 下列关于派生类的构造函数的说法中,错误的是( )。

A. 派生类不继承基类的构造函数和赋值运算

B. 派生类的构造函数可以调用基类的构造函数

C. 派生类的构造函数先于基类的构造函数执行

D. 在建立派生类的实例对象时,必须调用基类的构造函数来初始化派生类对象中的基类成员

9. 派生类的构造函数的成员初始化列表中,不能包含( )。

A. 基类的构造函数

B. 派生类中子对象的初始化

C. 基类的子对象初始化

D. 派生类中一般数据成员的初始化

10. 下列关于派生类构造函数和析构函数的说法中,错误的是(   )。

A. 派生类的构造函数会隐含调用基类的构造函数

B. 如果基类中没有缺省构造函数,那么派生类必须定义构造函数

C. 在建立派生类对象时,先调用基类的构造函数,再调用派生类的构造函数

D. 在撤销派生类对象时,先调用基类的析构函数,再调用派生类的析构函数

11. 下面选项中,不是类的成员函数的为(   )。

A. 构造函数   B. 析构函数   C. 友元函数   D. 拷贝构造函数

12. 下列关于类的继承描述中,错误的是(   )。

A. 派生类可以访问基类的所有数据成员,调用基类的所有成员函数

B. 派生类继承了基类的全部属性

C. 继承描述类的层次关系,派生类可以具有与基类相同的属性和方法

D. 一个基类可以有多个派生类,一个派生类可以有多个基类

13. 不论派生类以何种方式继承基类,都不能使用基类的(   )。

A. public 成员   B. private 成员

C. protected 成员   D. public 和 protected 成员

14. 下列关于派生类的描述中,不正确的是(   )。

A. 派生类除了包含它自己的成员外,还包含基类的成员

B. 派生类中继承的基类成员的访问权限在派生类中保持不变

C. 派生类至少有一个基类

D. 一个派生类可以作为另一个派生类的基类

15. 下列关于类的继承描述中,(   )是正确的。

A. 派生类公有继承基类时,可以访问基类的所有数据成员,调用所有成员函数

B. 派生类也是基类,所以它们是等价的

C. 派生类对象不会建立基类的私有数据成员,所以不能访问基类的私有数据成员

D. 一个基类可以有多个派生类,一个派生类可以有多个基类

16. 当一个派生类公有继承一个基类时,基类中所有公有成员成为派生类的(   )。

A. public 成员   B. private 成员   C. protected 成员   D. 友元

17. 当一个派生类私有继承一个基类时,基类中所有公有成员和保护成员成为派生类的(   )。

A. public 成员   B. private 成员   C. protected 成员   D. 友元

18. 当一个派生类保护继承一个基类时,基类中所有公有成员和保护成员成为派生类的(   )。

A. public 成员   B. private 成员   C. protected 成员   D. 友元

19. 派生类的对象可以访问(   )。

A. 公有继承的基类的公有成员

B. 公有继承的基类的保护成员

C. 公有继承的基类的私有成员

D. 保护继承的基类的公有成员

20. 派生类的对象对它的基类成员中的（　　）是可以访问的。

A. 公有继承的公有成员　　　　　　　　B. 公有继承的私有成员

C. 公有继承的保护成员　　　　　　　　D. 私有继承的公有成员

21. 在创建派生类对象时,构造函数的执行顺序是（　　）。

A. 对象成员构造函数—基类构造函数—派生类本身的构造函数

B. 派生类本身的构造函数—基类构造函数—对象成员构造函数

C. 基类构造函数—派生类本身的构造函数—对象成员构造函数

D. 基类构造函数—对象成员构造函数—派生类本身的构造函数

22. 下列各项中不属于类型兼容规则的是（　　）。

A. 基类的对象可以赋给派生类对象

B. 派生类的对象可以赋给基类的对象

C. 派生类的对象可以初始化基类的引用

D. 派生类对象的地址可以赋给指向基类的指针

23. 以下描述中,表达错误的是（　　）。

A. 公有继承时,基类中的 public 成员在派生类中仍是 public 的

B. 公有继承时,基类中的 private 成员在派生类中仍是 private 的

C. 公有继承时,基类中的 protected 成员在派生类中仍是 protected 的

D. 私有继承时,基类中的 public 成员在派生类中仍是 private 的

24. 在公有派生时,派生类中定义的成员函数只能访问原基类的（　　）。

A. 私有成员、保护成员和公有成员　　　B. 保护成员和私有成员

C. 公有成员和保护成员　　　　　　　　D. 公有成员和私有成员

25. 在公有继承的情况下,允许派生类直接访问的基类成员包括（　　）。

A. 公有成员　　　　　　　　　　　　　B. 公有成员和保护成员

C. 公有成员、保护成员和私有成员　　　D. 保护成员

26. 下面关于 C++ 中类的继承与派生的说法中,错误的是（　　）。

A. 基类的 protected 成员在公有派生类的成员函数中可以直接使用

B. 基类的 protected 成员在私有派生类的成员函数中可以直接使用

C. 私有派生时,基类的所有成员访问权限在派生类中保持不变

D. 继承可以分为单一继承与多重继承

27. C++ 类体系中,不能被派生类继承的有（　　）。

A. 构造函数　　　B. 虚函数　　　C. 静态成员函数　　D. 赋值操作函数

28. 当一个派生类公有继承一个基类时,基类中的所有公有成员成为派生类的（　　）。

A. public 成员　　　B. private 成员　　　C. protected 成员　　D. 友员

29. 当一个派生类私有继承一个基类时,基类中的所有公有成员和保护成员成为派生类的（　　）。

A. public 成员　　　　B. private 成员　　　C. protected 成员　　D. 友员

30. 当一个派生类保护继承一个基类时,基类中的所有公有成员和保护成员成为派生类的(　　)。

　　A. public 成员　　　　B. private 成员　　　　C. protected 成员 D.友员

31. 不论派生类以何种方式继承基类,都不能直接使用基类的(　　)。

　　A. public 成员　　　　B. private 成员　　　　C. protected 成员 D. 所有成员

32. 在公有继承的情况下,基类成员在派生类中的访问权限(　　)。

　　A.受限制　　　　B.保持不变　　　　C.受保护　　　　D.不受保护

33. 在 C++中,类之间的继承关系具有(　　)。

　　A. 自反性　　　　B. 对称性　　　　C. 传递性　　　　D. 反对称性

34. 下列关于类的继承描述中,(　　)是正确的。

　　A.派生类公有继承基类时,可以访问基类的所有数据成员,调用所有成员函数

　　B.派生类也是基类,所以它们是等价的

　　C.派生类对象不会建立基类的私有数据成员,所以不能访问基类的私有数据成员

　　D.一个基类可以有多个派生类,一个派生类可以有多个基类

35. 以下描述中,错误的是(　　)。

　　A.在基类定义的 public 成员在公有继承的派生类中可见,也能在类外被访问

　　B.在基类定义的 protected 成员在私有继承的派生类中可见

　　C.在基类定义的公有静态成员在私有继承的派生类中可见

　　D.访问声明可以在公有继承派生类中把基类的 public 成员声明为 private 成员

36. 在 C++中,可以被派生类继承的函数是(　　)。

　　A. 成员函数　　　　B.构造函数　　　　C. 析构函数　　　　D. 友员函数

37. 当不同的类具有相同的间接基类时,(　　)。

　　A.各派生类无法按继承路线产生自己的基类版本

　　B.为了建立唯一的间接基类版本,应该声明间接基类为虚基类

　　C.为了建立唯一的间接基类版本,应该声明派生类虚继承基类

　　D.一旦声明虚继承,基类的性质就改变了,不能再定义新的派生类

38. 下列有关继承和派生的叙述中,正确的是(　　)。

　　A.如果一个派生类私有继承其基类,则该派生类对象不能访问基类的保护成员

　　B.派生类的成员函数可以访问基类的所有成员

　　C.基类对象可以赋值给派生类对象

　　D.如果派生类没有实现基类的一个纯虚函数,则该派生类是一个抽象类

39. 下列有关继承和派生的叙述中,正确的是(　　)。

　　A.派生类不能访问基类的保护成员

　　B.作为虚基类的类不能被实例化

　　C.派生类应当向基类的构造函数传递参数

　　D.虚函数必须在派生类中重新实现

40.下列有关继承和派生的叙述中,正确的是(　　　　)。

A.如果一个派生类私有继承其基类,则该派生类对象不能访问基类的保护成员

B.派生类的成员函数可以访问基类的所有成员

C.基类对象可以赋值给派生类对象

D.如果派生类没有实现基类的一个纯虚函数,则该派生类是一个抽象类

41.下列有关继承和派生的叙述中,正确的是(　　　　)。

A.如果一个派生类私有继承其基类,则该派生类对象不能访问基类的保护成员

B.派生类的成员函数可以访问基类的所有成员

C.基类对象可以赋值给派生类对象

D.如果派生类没有实现基类的一个纯虚函数,则该派生类是一个抽象类

42.下列有关继承和派生的叙述中,正确的是(　　　　)。

A.派生类不能访问通过私有继承的基类的保护成员

B.多继承的虚基类不能够实例化

C.如果基类没有默认构造函数,派生类就应当声明带形参的构造函数

D.基类的析构函数和虚函数都不能够被继承,需要在派生类中重新实现

43.在基类中没有具体定义,但要求任何派生类都自己定义版本的虚函数是(　　　　)。

A.虚析构函数　　　　B.构造函数　　　　C.纯虚函数　　　　D.静态成员函数

44.假设已经定义好了类 student,现在要定义类 derived,它是从 student 私有派生的,则定义类 derived 的正确写法是(　　　　)。

A. class derived:student private{ }　　　　B. class derived:student public{ }

C. class derived:public student{ }　　　　D. class derived:private student{ }

45.在公有派生情况下,有关派生类对象和基类对象的关系,不正确的叙述是(　　　　)。

A.派生类的对象可以赋给基类的对象

B.派生类的对象可以初始化基类的引用

C.派生类的对象可以直接访问基类中的成员

D.派生类的对象的地址可以赋给指向基类的指针

二、程序运行题(每题 5 分,共 10 分)

1.已知类 AA 和 BB 的定义如下:

```
#include <iostream>
using namespace std;
class AA
{
  public:
    AA(){cout<<'0';}
    ~AA(){cout<<'1';}
};
class BB :public AA
```

```
    {
        public：
            BB(){cout<<'2';}
            ~BB(){cout<<'3';}
    };
```

且有如下主函数定义：

```
    int main()
    {
        BB b；
        return 0；
    }
```

运行后的输出结果是_____。

2.已知类 A 和 B 的定义如下：

```
# include <iostream>
using namespace std；
class A
{
    public：
        A(){cout<<'A';}
        ~A(){cout<<'C';}
};
class B :public A    //公有继承
{
    public：
        B(){cout<<'G';}
        ~B(){cout<<'T';}
};
```

且有如下主函数定义：

```
    int main()
    {
        B obj；
        return 0；
    }
```

运行后的输出结果是_____。

自测卷 6　综合自测

自测成绩：_____

一、填空题（每空 1 分，共 20 分）

1. 使用 MFC AppWizard 产生的应用程序的类型主要包括单文档应用程序、多文档应用程序和 ___①___ 。

2. VC＋＋的工作区窗口包含 3 个视图，分别是类视图、资源视图和 ___①___ 。

3. MFC 是 Microsoft Foundation Class 的缩写，MFC 类库的基类是 ___①___ 。

4. CDC 类叫作设备描述表类，英文全称是 ___①___ 。

5. 调用对话框类的成员函数 ___①___ 显示模态对话框。

6. 若在绘制客户区时获取设备上下文调用的函数是 BeginPaint，则释放它时调用的函数是 ___①___ 。

7. UpdateData 函数可以用在对话框中更新数据，将控件数据保存到数据成员应带参数 ___①___ 。

8. 在 Windows 操作系统中，无论是系统产生的动作，或是用户在运行应用程序中发出的动作，都称为 ___①___ 。

9. Windows 应用程序的消息按处理方式主要包括窗口消息、命令消息和 ___①___ 消息。

10. 封装画刷的 GDI 类是 ___①___ 。

11. 在 MFC 应用程序中，一般在虚函数 ___①___ 中对应用程序进行初始化，在 ___②___ 函数中对对话框进行初始化。

12. 菜单类对象和位图类对象分别通过 ___①___ 和 ___②___ 函数加载菜单资源和位图资源。

13. 若在绘制客户区时获取设备上下文调用的函数是 ___①___ ，则释放它时调用的函数是 ___②___ 。

14. 窗口消息是指除 WM_COMMAND 之外的任何以 WM_开头的消息，任何派生自 ___①___ 的类都可以接受窗口消息，任何派生自 ___②___ 的类都可以接受 WM_COMMAND 命令消息。

15. MFC 中，所有能够接受消息的类都继承于 CCmdTarget 类，这些类的共同特征是含有 ___①___ 、 ___②___ 、END_MESSAGE_MAP 三个宏。这三个宏组成一个庞大的消息映射网。

二、选择题（每小题 2 分，共 40 分）

1. 下面关于 API 的描述中，错误的是（　　　）。

A. API 函数构建在 Windows 操作系统上

B. 创建应用程序、打开窗口、描绘图形都要调用 API 函数

C. API 是用来控制 Windows 各个元素的外观和行为的一套预定义的 Windows 函数

D. 现在,Windows 程序员编写程序只能使用 API 函数

2. 下面关于 MFC 的描述中,错误的是(　　　)。

A. MFC 是指微软基础类库

B. MFC 不提供对底层 API 的直接调用

C. MFC 对 API 函数进行了 C++封装

D. MFC 是微软公司提供的用在 Visual C++环境下编写 Windows 应用程序的一个框架和引擎

3. 对消息循环描述错误的是(　　　)。

A. TranslateMessage 将虚拟键转换成字符消息

B. GetMessage 函数在消息队列为空时,将一直空闲

C. GetMessage 函数在消息队列非空时,取得消息并返回

D. 若 GetMessage 取得的是 WM_QUIT 消息则返回非 0,否则返回 0

4. 创建窗口的 API 函数是(　　　)。

A. CreateWindow　　　　　　　　　　B. RegisterClass

C. ShowWindow　　　　　　　　　　　D. UpdateWindow

5. 以下关于设备上下文的描述中,错误的是(　　　)。

A. 设备上下文允许在 Windows 中进行与设备无关的绘制

B. 设备上下文对象封装了绘制线条、形状和文本等的 Windows API

C. 设备上下文可以用于绘制到屏幕、打印机,但不能绘制到图元文件

D. 设备上下文是一种包含有关某个设备的绘制属性的 Windows 数据结构

6. 以下描述句柄的语句中,错误的是(　　　)。

A. 句柄是 Windows 用来标识被应用程序所建立或使用的对象的唯一整数

B. 句柄中存放了 Windows 对象的数据

C. 句柄能区分不同的应用程序对象

D. 句柄具有多种类型

7. 在 Windows 中,字体句柄的类型是(　　　)。

A. HINSTANCE　　　B. HFONT　　　　C. HDC　　　　　　D. HWND

8. 下面四个 MFC 类中,管理 MFC 应用程序的是(　　　)。

A. CWinApp　　　B. CMainFrame　　　C. CDocument　　　D. CView

9. 为了完成消息映射,不需要(　　　)。

A. 在类的实现中,实现消息处理函数

B. 在类的定义中,增加消息处理函数声明

C. 在类的定义中,使用 IMPLEMENT_ MESSAGE_MAP 宏实现消息映射

D. 在类的定义中,添加一行声明消息映射的宏 DECLAR E_MESSAGE_MAP

10. 创建空的弹出式菜单的方法是(　　　)。

A. CreateMenu　　　　　　　　　　　B. CreatePopupMenu

C. GetPopupMenu   D. TrackPopupMenu

11. 创建命令自定义消息时,在源文件中的消息映射表中手动添加其消息映射宏是( )。

A. ON_COMMAND   B. ON_MESSAGE

C. ON_WM_LBUTTONDOWN   D. ON_BN_CLICKED

12. Windows 应用程序常用消息中,产生单击鼠标左键的消息是( )。

A. WM_LBUTTONDOWN   B. WM_RBUTTONUP

C. WM_LBUTTONUP   D. WM_RBUTTONDBLCLK

13. 由 PostQuitMessage 函数发出的消息( )。

A. WM_CLOSE   B. WM_CREAT

C. WM_DESTROY   D. WM_QUIT

14. 关于对象,下列说法中不正确的是( )。

A. 对象是类的一个实例

B. 任何一个对象只能属于一个类

C. 一个类只能有一个对象

D. 类与对象的关系和数据类型与变量间的关系类似

15. 程序对资源的调用主要是靠( )来识别。

A. 资源名称   B. 资源类型   C. 资源的 ID 号   D. 以上都可以

16. 下列不属于面向对象程序设计的 3 大机制的是( )。

A. 多态   B. 封装   C. 重载   D. 继承

17. 定义了一个矩形区域及其左上角和右下角的坐标的数据结构是( )。

A. POINT   B. RECT   C. MSG   D. WINDCLASS

18. Afx 为前缀的函数(数据库类函数和 DDX 函数除外)和变量中,表示无条件终止一个应用程序的是( )。

A. AfxAbort   B. AfxBeginThread

C. AfxFormatString   D. AfxMessageBox

19. 文本输出函数 TextOut(HDC hdc, int X, int Y, LPCTSTR lpstring, int nCount)的第四个参数 nCount 记录的是( )。

A. lpstring 中的字符串的字节数   B. 字符串的长度

C. lpstring 的长度   D. lpstring 串的循环次数

20. Alt 键与相关输入键的组合产生的消息是( )。

A. 系统按键消息   B. 非系统按键消息   C. 组合消息   D. 空消息

三、简答题(每小题 6 分,共 18 分)

1. 什么是设备的无关性?什么是映像模式?创建一个窗口要经过几个步骤?

2. 如何使静态文本控件能够响应鼠标单击消息?

3. MFC AppWizard 为 HelloWorld 单文档应用程序生成了哪几个类,说出其中一个类的功能是什么?它由什么文件管理?

四、程序阅读(第 1 小题 4 分,第 2 小题 6 分,共 10 分)

1. ♯include "iostream. h"

```
class A
{
    public：
      A()
      {
          cout<<"A 的构造函数"<<endl；
      }
} ；
void main()
{
    A b[4] ，＊p[3] ；
}
```

程序运行结果为_____。

2. ♯include "iostream. h"

```
template<class T> T
findmax(T x[], int n)
{
    int i；
    T m=x[0]；
    for(i=1; i<=n-1; i++)
      if(m<x[i])   m=x[i]；
    return m；
}
void main()
{
    int array1[]={100, 20, 300, 40} ；
    double array2[]={1.2, 3.4, 5.6, 0.9, 7.8}；
    char array3[]={'a' , 'b' , 'g' , 'z' , 'x' , 'y' }；
    cout<<findmax(array1, 4) <<endl；
    cout<<findmax(array2, 5) <<endl；
    cout<<findmax(array3, 6) <<endl；
}
```

程序运行结果为_____。

五、程序设计(每小题 6 分,共 12 分)

1. 画直线:实现鼠标在视图上按下和抬起捕获到两个点,根据这两个点画出一条直线。写出具体的步骤,不必写代码。

2. 创建一个基于对话框的应用程序 e2,调用 SetDialogBkColor 设置对话框的背景颜色为蓝色,并在对话框上显示红色文字"精彩校园"。写出实现步骤及代码。

自测卷参考答案

自测卷 1　类与对象自测参考答案

1. B	2. D	3. D	4. B	5. D	6. C	7. B	8. A	9. A	10. D
11. B	12. C	13. C	14. C	15. B	16. B	17. C	18. C	19. B	20. D
21. B	22. C	23. C	24. D	25. B	26. D	27. C	28. D	29. B	30. B
31. D	32. A	33. B	34. B	35. B	36. D	37. B	38. C	39. A	40. C
41. D	42. C	43. A	44. C	45. B	46. D	47. A	48. D	49. C	50. C

自测卷 2　静态成员与友元自测参考答案

一、选择题

1. A	2. D	3. C	4. B	5. C	6. D	7. D	8. B	9. B	10. A
11. A	12. C	13. D	14. C	15. C	16. A	17. D	18. D	19. A	20. D
21. A	22. B	23. D	24. D	25. A					

二、判断题

1. ×	2. √	3. ×	4. ×	5. ×	6. ×	7. ×	8. √	9. √	10. √

三、写出程序运行结果 (每题 4 分,共 40 分)

1. x＝10,y＝160	2. 120	3. 110	4. 30	5. 7
6. 140	7. A＝2,B＝4	8. a	9. A＝2,B＝7	10. 97

自测卷 3　运算符重载自测参考答案

1. B	2. C	3. A	4. B	5. C	6. B	7. C	8. B	9. C	10. B
11. C	12. C	13. C	14. A	15. C	16. C	17. B	18. A	19. D	20. A
21. A	22. D	23. B	24. C	25. A	26. B	27. A	28. C	29. B	30. D
31. A	32. C	33. C	34. D	35. A	36. B	37. C	38. C	39. D	40. D
41. C	42. C	43. A	44. D	45. A	46. A	47. B	48. B	49. B	50. B

自测卷4 构造函数自测参考答案

一、选择题

1. B	2. C	3. C	4. A	5. C	6. C	7. C	8. B	9. C	10. A
11. B	12. D	13. A	14. A	15. C	16. C	17. B	18. C	19. C	20. D
21. C	22. B	23. B	24. A	25. D	26. D	27. C	28. B	29. C	30. B
31. A	32. C	33. B	34. C	35. C	36. C	37. D	38. A	39. A	40. B

二、程序运行题

1. 0231   2. CCC   3. MXYY   4. 1200   5. 1312

自测卷5 继承与派生自测参考答案

一、选择题

1. A	2. C	3. A	4. C	5. C	6. C	7. D	8. C	9. C	10. D
11. C	12. A	13. B	14. B	15. D	16. A	17. B	18. C	19. A	20. A
21. D	22. A	23. B	24. C	25. C	26. C	27. A	28. A	29. B	30. C
31. B	32. B	33. C	34. D	35. D	36. A	37. C	38. D	39. D	40. A
41. D	42. B	43. C	44. D	45. C					

二、程序运行题

1. 0231   2. AGTC

自测卷6 参考答案

一、填空题(每空1分,共20分)

1. ①基于对话框的应用程序   2. ①文件视图

3. ① CObject   4. ① Class Device Context

5. ① DoModal()   6. ① EndPaint

7. ① TRUE   8. ①事件

9. ①控件通知   10. ① CBrush

11. ① InitInstance   ② OnInitDialog

12. ① LoadMenu   ② LoadBitmap

13. ① GetDC   ② ReleaseDC

14. ① CWnd   ② CCmdTarget

15. ① DECLARE_MESSAGE_MAP   ② BEGIN_MESSAGE_MAP

二、选择题(每小题 2 分,共 40 分)

1. D 2. B 3. D 4. A 5. C 6. B 7. B 8. A 9. C 10. B

11. B 12. A 13. D 14. C 15. C 16. C 17. B 18. A 19. A 20. A

三、简答题(每小题 6 分,共 18 分)

1. 答:(1)设备的无关性就是操作系统屏蔽了硬件设备的差异,因而设备无关性能使用户编程时无须考虑特殊的硬件设置。

(2)映像模式定义了将逻辑单位转化为设备的度量单位以及设备的 x 方向和 y 方向,这样程序员可在一个统一的逻辑坐标系中操作而不必考虑输出设备的坐标系情况。

(3)创建一个窗口要经过 5 个步骤:设计窗口类型、注册窗口类型、创建窗口、显示窗口和消息循环。

2. 答:(1)改变静态文本控件的默认 ID 号 IDC_STATIC,如设置为 IDC_ABC,否则在类向导中不显示其 ID 号。

(2)在它的属性上选中 Notify 选项(使控件向其父窗口发送鼠标事件)。

(3)为控件添加 BN_CLICKED 消息处理函数。

3. 答:MFC AppWizard 为 HelloWorld 单文档应用程序生成了应用程序类 CHelloWorldApp,文档类 CHelloWorldDoc,视图类 CHelloWorldView 和主窗口类 CMainFrame 四个类。(写出一个类,得 0.5 分,共 2 分)

(1)应用程序类 CHelloWorldApp:其主要用于程序的初始化及结束处理。类的声明文件是 HelloWorld. h,类的实现文件是 HelloWorld. cpp。

(2)文档类 CHelloWorldDoc,其主要用于应用程序中数据的存储、修改与管理。类的声明文件是 HelloWorldDoc. h,类的实现文件是 HelloWorldDoc. cpp。

(3)视图类 CHelloWorldView,其主要用于人机交互并显示数据。类的声明文件是 HelloWorldView. h,类的实现文件是 HelloWorldView. cpp。

(4)主窗口类 CMainFrame,其主要用于主窗口的创建、显示及消息的派发。

类的声明文件是 MainFrm. h,类的实现文件是 MainFrm. cpp。

四、程序阅读(第 1 小题 4 分,第 2 小题 6 分,共 10 分)

1. 程序运行结果为

A 的构造函数

A 的构造函数

A 的构造函数

A 的构造函数

正确位置输出 1 个结果得 1 分,全对得 4 分。

2. 程序运行结果为

300

7.8

z

正确位置输出 1 个结果得 2 分,全对得 6 分。

五、程序设计(每小题 6 分,共 12 分)

1. 程序设计步骤如下:

(1)建立一个单文档应用程序。

(2)定义一个新类实现画线功能。

(3)在视图类中定义两个公有变量,记录线段的起点和终点。

(4)在视图类中为 WM_LBUTTONDOWN 添加消息映射函数,实现捕获起点坐标。

(5)为 WM_MOUSEMOVE 添加消息映射函数,实现捕获终点坐标。

(6)为 WM_LBUTTONUP 添加消息映射函数,实现画线功能。

2. 程序设计步骤如下:

(1)创建一个基于对话框的应用程序 E4,删除对话框上默认添加的三个控件。

(2)向对话框中添加 1 个静态文本控件,静态文本控件的 ID 为 IDC_STATIC,标题修改为"精彩校园"。

(3)在 CE2App::InitInstance()中添加如下代码:

```
BOOL CE2App::InitInstance()
{
    …
    CE2Dlg dlg;
    m_pMainWnd = &dlg;
    SetDialogBkColor(RGB(0,0,255),RGB(255,0,0));
    int nResponse = dlg.DoModal();
    …
}
```

参考文献

[1]邹金安.面向对象程序设计与 Visual C++6.0 学习实验指导[M].厦门:厦门大学出版社,2009.

[2]黄维通,解辉.Visual C++面向对象与可视化程序设计[M].4 版.北京:高等教育出版社,2016.

[3]刘锐宁,梁水,李伟明.Visual C++开发实战 1200 例[M].1 卷.北京:清华大学出版社,2011.

[4]郑阿奇.Visual C++6.0 应用案例教程[M].北京:电子工业出版社,2010.

[5]汪名杰,尹静,郝立.C++答疑解惑与典型题解[M].北京:北京邮电大学出版社,2010.

[6]全国计算机等级考试命题研究组.全国计算机等级考试超级题库——二级 C++语言程序设计[M].北京:北京邮电大学出版社,2015.

[7]申闰春.Visual C++程序设计案例教程[M].北京:清华大学出版社,北京交通大学出版社,2009.

[8]王学颖,张燕丽,李晖,等.C++程序设计案例教程[M].2 版.北京:科学出版社,2015.

[9]李普曼,拉乔伊,默.C++ Primer 习题集[M].王刚,杨巨峰,李忠伟,改编.北京:电子工业出版社,2010.